新中国**超级**工程

耀眼夺目的
世界第一

《新中国超级工程》编委会 编

研究出版社

图书在版编目（CIP）数据

耀眼夺目的世界第一 /《新中国超级工程》编委会编.
— 北京：研究出版社，2013.7（2021.8重印）
（新中国超级工程）
ISBN 978-7-80168-827-9

Ⅰ.①耀…

Ⅱ.①新…

Ⅲ.①工程技术－成就－中国

Ⅳ.①T-092

中国版本图书馆CIP数据核字（2013）第158186号

责任编辑：曾　立　　责任校对：张　璐

出版发行：研究出版社
　　　　　　地　址：北京1723信箱（100017）
　　　　　　电　话：010-64042001
　　　　　　网址：www.yjcbs.com　E-mail：yjcbsfxb@126.com
经　　销：新华书店
印　　刷：北京一鑫印务有限公司
版　　次：2013年9月第1版　2021年8月第2次印刷
规　　格：710毫米×990毫米　1/16
印　　张：14
字　　数：190千字
书　　号：ISBN 978-7-80168-827-9
定　　价：38.00元

前 言

FOREWORD

  在社会发展的不同时期，都会产生代表性的伟大工程，比如长城、都江堰、京杭大运河，这些工程都是时代的产物，在当时发挥了举足轻重的作用，对后世也往往有着深远的影响，成了那个时代的标志性符号。

  今天的中国，正处在有史以来最大规模的建设时代，随着经济和社会的飞速发展，加之自然和历史的多重原因，产生了许多亟待解决的重大问题，如民生、环境、能源、发展等等。这些问题必须借助一些超常规的工程，才能得以改善和解决，而强盛的国力和日益发展的科技水平，最终让这些超级工程得以实施。

  这些超级工程与时代紧密相连，反映着时代的国情与现状，代表着当时的科技和经济水平，通过了解这些超级工程，可以了解国家的发展历程，可以知道国家的基本行为，国家曾经做过什么，正在做着什么，即将要做什么。《新中国超级工程》即从尖端科技、文化振兴、国际合作、世界第一、中国奇迹五个方面选取典型，高度聚焦，深入解读，集中展现了新中国超级工程的磅礴能量，展示新中国的活力和创造力。

  作为国家的一分子，每个人都有必要了解国家行为，对整个国家、社会乃至世界有所了解和认识，拥有开阔的视野和眼界，才能更好地准确定位自己，把握机遇。本丛书在科技、交通、能源、水利、建筑、工业、教育、文化等各个领域，选取新中国最具代表性的工程，这些工程或具有国家战略意义，关乎国计民生，或在体量规模上空前超大，或在科技水准和建造水平上走在世界前列，集中展示了新中国在各方面的突出行为和成就。

  新中国的现代化建设循序渐进，其中产生了许多领衔世界的伟大成果。

本书——《耀眼夺目的世界第一》在生物技术、交通建设、能源开发、水利工程、太空探索、建筑技术、工业技术等方面，精选了二十个新中国现代化建设之中的世界之最，进行深入解读，带领读者了解我国在现代化建设中各方面所取得的最耀眼夺目的成就，以增强民族自信心和自豪感，增加使命感和责任心。

"风声雨声读书声，声声入耳；家事国事天下事，事事关心。"中国人民自古就有心系天下，忧国忧民的传统。处在竞争如此激烈的现代社会，我们更有必要了解国家行为，知道祖国和世界每天都在发生着什么。这不仅仅是关心国家，更关乎我们的视野，我们的生存和机遇。相信读者通过书中的一个个超级工程，可以了解新中国的过去、现在和未来，从中得到一些见识、感悟和启示，获得一些希望、勇气和力量。

目 录
CONTENTS

截流难度世界之最——三峡导流明渠截流

YAOYAN DUOMU DE SHIJIE DIYI

世界上光谱观测获取率最高的望远镜——LAMOST

世界最大钢结构穹顶——国家大剧院

世界最长高速公路隧道——秦岭终南山双洞隧道

刷新世界海下最深记录——"蛟龙"潜海

打造世界最大造船基地——长兴岛造船基地

世界最大海岛人工港——上海洋山深水港

世界跨度最大的斜拉桥——苏通长江大桥

世界最大填海造地工程——上海临港新城

世界最长的高速铁路项目——京广高速铁路

世界最大单体航站楼——首都国际机场T3航站楼

世界首条直通中美的海底高速光缆——太平洋海底光缆

全球首例大熊猫基因组序列图

世界最大风力发电基地——甘肃酒泉

世界最大单口径望远镜——500米口径球面射电望远镜

世界最长跨海大桥——港珠澳大桥

世界首例人工合成蛋白
——人工合成牛胰岛素

世界首次人工合成牛胰岛素

1889年，德国医学家奥斯卡·闵可夫斯基首次发现了胰脏和糖尿病的关联后，就不断有人尝试分离胰脏的"神秘内分泌物质"，陆续地，也有报道指出胰脏的分泌物具有降血糖的作用，但不是效果不够好，就是副作用大，都没有得到同行的认可。而且，世界权威杂志《自然》曾发表评论文章，认为人工合成胰岛素还不是短期能够做到的。

人工合成胰岛素大奋战

在人体十二指肠旁边，有一条长形的器官，那就是胰腺。胰腺中，散布着许许多多的细胞群，叫作胰岛。当胰岛中的β细胞受到比如葡萄糖、乳糖、胰高血糖素等刺激，就会分泌一种蛋白质激素——胰岛素。人的胰腺每天产生1到2毫克胰岛素，一旦不足，就会引起代谢障碍，尤其是葡萄糖不能被有效地吸收，过多的糖会随尿排出，而造成糖尿病的发生。

事实上，胰岛素的发现不仅是糖尿病历史上，也是整个医学史上的里程碑。尽管胰岛素早早被人类发现，但由于其作用多样、结构复杂，迟迟不能完全为人类所了解。对于胰岛素真正的纯化及结构确定，直到1955年，才由英国剑桥大学的生物化学家弗雷德里克·桑格完成。他用生物降解和标记方法确定了第一个活性蛋白质——牛胰岛素分子的氨基酸连接顺序（一级结构）。1958年，桑格获得了诺贝尔化学奖。至此，各国的人工合成胰岛素课题全面启动。

1958年12月底，我国人工合成胰岛素课题正式启动。

课题启动后，中国科学院上海生物化学研究所（简称生化所）考虑到工作难度和工作量问题，先后请求与中国科学院有机化学研究所（简称有机所）、北京大学化学系有机教研室合作。北京大学的邢其毅教授、张滂教授和陆德培等青年教师，带领有机专业的十多名学生展开研究。同时，上海生化所也建立了由邹承鲁、钮经义、曹天钦、沈昭文等人分别负责的研究小组，他们也各带了一批年轻的科研人员，分头探路。由此，这场人工合成胰岛素的奋战（也被称为"大兵团合作"）开始了。后来，经过上海生化所所长王应睐的提议，认为这种"大兵团"合作研究方式太过费钱、费力，于是，决定精简队伍提高效率。1960年10月，攻关的科研队伍减到几十人，并恢复了所、室、组的正常建制。

然而，接下来的许多实验都是在失败接着失败中重复，再加上美国和联邦德国相继发表了几篇有关人工合成胰岛素的文章，于是一些人的思想出现波动，想下马不干了。这时候，国家政府及相关部门给了很大鼓励。1963年，在全国天然有机化合物会议上，由中国科学院数理化部召集生化所、有机所和北京大学三个单位的领导开会，一起分析形势。这次会议认定：美国、联邦德国劲头虽大，但老是在改变方案，说明他们还没有找到正确的路子。我们的工作比他们领先，只要扎实做下去，肯定能走在他们前面。会议最后决定，由生化所合成B链，有机所和北京大学合成A链。

人工合成牛胰岛素诞生

当时，蛋白质研究正是世界生物化学领域研究的热点，恩格斯曾说过，"蛋白质是生命的存在形式"，因此合成了蛋白质甚至被视作"破解生命之谜的关节点"。

由生化所、有机所和北京大学通力研究发现，牛胰岛素分子结构与人体胰岛素的分子结构极为相似，它们都由51个氨基酸组成。牛胰岛素的分子由两条分子链组成，A链含有21个氨基酸，而B链由30个氨基酸组成。然而，人体的B链最后一个氨基酸是苏氨酸，若将这个苏氨酸变成丙氨酸，那么原来的人胰岛素这时就变成了牛胰岛素。

牛胰岛素属于高分子化合物，一个牛胰岛素分子总共的原子数达770个之多，结构十分复杂。人工合成牛胰岛素极其艰难，因为这几十种氨基酸中的每一种都是按非常严格的顺序排列的。因此，整个研制要经过将近200个步骤的化学合成，若稍有闪失，则前功尽弃。不过，我国科学家还是坚定地向前走着。

概括起来，研究过程可以分成三步：第一步，先把天然胰岛素拆成两条链，再把它们重新合成为胰岛素——研究小组在1959年突破了这一关，重新合成的胰岛素是同原来活力相同、形状一样的结晶；第二步，合成胰岛素的两条链后，用人工合成的B链同天然的A链相连接——这种牛胰岛素的半合成在1964年获得成功；第三步，经过考验的半合成的A链与B链全合成。

研究人员将重点放在了解决第三步"如何使A链和B链通过氧化重新组合起来"上。这意味着要将胰岛素分子还原、分离、纯化。这项工作由上海生化所的杜雨苍研究员在邹承鲁教授的指导下进行，第一次全合成实验即告成功，但活力很低，拿不到结晶。因此，需进一步改善合成方法。经过多次模型试验，试用各种不同的保护剂和各种抽提方法，经历多次失败，终于在1965年9月17日得到更好的结果。研究人员向人工合成的牛胰岛素中掺入了放射性14C作为示踪原子，与天然牛胰岛素混合到一起，经过多次重新结晶，得到了放射性14C分布均匀的牛胰岛素结晶，证明了人工合成的牛胰岛素与天然牛胰岛素完全融为一体，它们是同一种物质。然后，通过小鼠惊厥实验（注射胰岛素后出现惊厥现象，而注射葡萄糖溶液之后小老鼠恢复正常，说明胰岛素的作用是降低血糖）证明了纯化的人工合成胰岛素确实具有和天然胰岛素相同的活性。至此，世界上首次采取人工方法合成的牛胰岛素在中国诞生了！

随后，由生化所副所长曹天钦主持起草论文，将这一重要科研成果以简报形式发表在1965年11月的《中国科学》杂志上。1966年4月，论文全文发表。

在国际上，人们把人工合成牛胰岛素、氢弹、人造地球卫星合称世界三大科学成果。我国科技人员在全世界首创人工合成具有生命活力的牛胰岛素，标志着我国走在了实验制造生命物质的最前列，开创了世界人工合成生命物质的新时代。

成果引起世界强烈反响

1966年8月1日，在波兰首都华沙召开的欧洲生物化学联合会第三次会议上，中国人工合成胰岛素成了会议的中心话题。诺贝尔奖获得者、胰岛素一级结构的阐明者桑格博士特别兴奋，因为"中国合成了胰岛素，也解除了我思想上的负担"。原来，当时有人对他1955年提出的胰岛素一级结构的部分顺序表示过怀疑。

牛胰岛素的合成之所以引起这样强烈的反响，是因为：

第一，中国的合成产物，各项指标均过硬。胰岛素是由51个氨基酸组成两条肽链（A、B链）而构成的蛋白质。这两条肽链是由两对二硫键联结的，除链间二硫键外，在A链上还有一对链内二硫键。中国合成的胰岛素是牛胰岛素，合成物为结晶产物，其结晶形状、层析、电泳、酶解图谱均与天然的一致，活力为87%。这些数据有力地说明，中国在这方面的工作非常出色，在世界上领先。

第二，中国闯过了许多异乎寻常的难关，做了前人没有做的事情。如在合成时，首先遇到的是氨基酸的大量供应问题。为此，上海生化所组织了技术小组，从无到有地生产出十几种氨基酸，结束了国内不能自制整套氨基酸的历史。更为困难的是，当时我国还没有多肽合成的经验，除了谷氨酸钠（味精）之外，我国甚至没有制造过任何氨基酸。此外，这一项目确实也耗资巨大，如一位异议者后来所言，所用去的化学溶剂之多，足以灌满一个游泳池。

瑞典乌普萨拉大学生物化学研究所所长、诺贝尔奖获得者、诺贝尔奖委员会主席蒂萨利乌斯1966年3月到生化所参观了胰岛素的合成工作。他说："美国、瑞士等在多肽合成方面有经验的国家未能合成胰岛素，也不敢去合成，你们没有这方面的专长和经验，但你们合成了，你们是世界第一，这使我很惊讶。"

第三，这是人类认识生命历程中的一个划时代的进步。多少年来，人们通过各种手段、各种方式，艰难地揭示着生命的奥秘。分子生物学在开启这个自然之谜中起着重要的作用。1828年，德国化学家武勒用化学方法合成了尿素，这是第一个人工合成的有机分子，但这毕竟是个小分子。胰岛素的合成则向人们宣布，人工合成蛋白质的时代开始了。

生化事业领航者王应睐

王应睐教授，1907年出生于福建金门；1938年赴英国剑桥大学攻读博士研究生，获得生化博士学位，后受聘于剑桥大学；1945年回国；1955年当选为中国科学院生物学部委员。1958年，他筹备创建了中国科学院上海生物化学研究所。

聪明才智初露端倪

王应睐的童年非常艰辛，他2岁丧父、6岁丧母，全靠兄嫂抚养，他先在私塾读书，后进入鼓浪屿著名的英华书院上学。正是童年的艰辛培养了他坚强、发奋的秉性。他6年半就读完了9年的课程，于1925年提前毕业。接着先后进入福建协和大学和南京金陵大学攻读化学专业，1929年以优异的成绩毕业，并获得学校颁发的"金钥匙"奖。

大学毕业后，王应睐在金陵大学当助教。可是生活并不是一帆风顺的，1931年他得了肺结核，休养了两年。在治病期间，王应睐从不忘读书。1933年，他进了北平燕京大学化学研究生院，从事氯仿、甲苯对蛋白酶的作用以及豆浆与牛奶消化率的比较等研究。1936年，他接受金陵大学的聘请担任讲师。1937年抗日战争爆发后，他回到鼓浪屿，后来考取庚款留英，于1938年到英国剑桥大学攻读博士研究生，在L·J·海里斯博士指导下从事维生素研究，这是20世纪30年代生物化学领域中最前沿的一个方向。

在研究期间，王应睐就表现出他在研究工作上的才能：发现了服用过量维生素A的毒理作用，发现机体在缺乏维生素E时的组织变态现象，建立了四种水溶性维生素的微量测定法，首次证明豆科植物根瘤菌中含血红蛋白。他对马蝇蛆的血红蛋白的研究，阐明了不同生化条件下血红蛋白的性质与功能的关系。由于成绩优异，校方免去他研究生毕业论文答辩。

1945年，王应睐回国后，对琥珀酸脱氢酶进行了系统的研究，解决了多年来未澄清的酶的性质等问题，并对辅基与酶蛋白连接方式的问题做了深入阐明，该工作达到当时的世界先进水平。1956年，这项成果获得了中国科学院的奖励，1978年又获全国科学大会重大成果奖。

王应睐还是我国生化试剂工业的开创者。1958年以前，我国没有自己的生化试剂工业，科研所需的生化试剂主要依靠进口，进口试剂价格昂贵且容易变质。生化所建所并提出人工合成牛胰岛素这一目标之后，王应睐深感有必要创办试剂工厂，用中国生产的氨基酸合成胰岛素，改变我国依赖进口生化试剂的被动局面。在他的亲自过问和领导下，工厂因陋就简地运转起来。王应睐亲自给工厂取名为东风生化试剂厂，并给予工厂人员、技术方面的支持。从某种意义上说，我们现在所提倡的知识创新，加快科研成果的转化，早在30年前王应睐就已经默默实践了。

具备发展眼光的领航员

在我国生命科学，特别是生物化学和分子生物学的发展航线上，王应睐不仅是一个与风雨搏击的水手，更是一位具备发展眼光的领航员。

王应睐先生是人工合成牛胰岛素工作的主要组织者之一，他正确判断和把握国际生物学科前沿研究趋势，果断提出了"人工合成牛胰岛素"的科学任务，制定了相应的科学决策。1963年，王先生正式担任人工合成胰岛素协作组组长，组织、安排和制定了人工合成胰岛素的多路探索的方案，不断调整生化所内各研究组之间研究力量，研究和解决工作中产生的困难和问题，协调生化所与有机所、北京大学的合作，直到1965年9月这具有历史意义的工作宣告成功。

1958年12月到1959年10月间，负责胰岛素拆合的杜雨苍研究员发现胰岛素的活力非常弱，只有1%。王先生马上提出，会不会是因为混进了天然胰岛素？因为空气中可能会飞扬着多余的分子。王先生建议研究人员在天然重组的产物中掺进人工合成的90%废物（杂质），使AB链的纯度只有10%，这样重组后，果然发现活力很低，这证实了他最初的猜想。之后，他们想办法对AB链进行杂质抽离、提纯等，直到成功。

人工合成牛胰岛素的难度大，协作范围广泛，涉及京沪地区多个单位。对于这样一项牵涉到许多多单位、部门、人员参加的研究工作，若没有一位能正确判断和充满信心、知人善任的科学家来领导，要完成工作是不可能的。在工作开展的过程中，王先生不厌其烦地召集几个方面的人员举行工作汇报和讨论会，及时调整研究路线和方向。每下一次决心，他的神情都很凝重，要顶住来自工作中遇到挫折而引起的要改弦易辙的舆论。

人工合成牛胰岛素倾注了王先生的大量心血，但在最后文章署名时，他却把自己的名字划掉了。在他的带动下，这一风气成了生化所的所风。王先生这种无私忘我、不务虚名的高贵品德，像一根红线贯穿了他近70年的学术生涯。

胰岛素究竟是什么

胰岛素是人类胰脏内那些形如小岛状的细胞所分泌的一种蛋白质，这种蛋白质按一定的浓度和速度连续不断地进入体血液之中，血液中的葡萄糖在胰岛素的作用下，一部分分解为二氧化碳和水，并释放出供生长发育所需的能量；另一部分聚合起来成为糖原（又称肝糖、动物淀粉，是由葡萄糖失水缩合作用而成的一类多糖，是人类、动物等储存糖类的主要形式）贮藏在肝脏中。糖尿病人因胰脏不能源源不断地形成胰岛素，因而血液中的葡萄糖随尿液排泄出体外，如果得不到及时治疗，那么最终将在消瘦中趋向死亡。因此，严重的糖尿病患者需定期注射从猪、羊或牛胰脏中提取出来的胰岛素。

从神奇的蛋白质说起

1777年，法国科学家马凯利在对一系列蛋白质食品（鸡蛋、乳酪、动物血液等）的性质进行分析时，最早发现了蛋白质变性现象。比如把一个鸡蛋加热后，它就会凝固而渐变成软质硬状物，从液态变成了固体；若温度再冷却下来，它不能再恢复成原样。于是，马凯利把蛋白质食品这种特有的现象称为变性作用，他将这类有变性作用的物质取名为"蛋白质"。

蛋白质是生命的基础，它不仅是人体的组成部分，而且是人体吸收、运输营养所要依靠的物质以及人体各种生理活动的活性物质。婴幼儿若得不到足够的蛋白质，将严重影响体力和智力的正常发育；成年人如果缺少必要的蛋白质补充，那将会出现体质虚弱，极易感染多种疾病。因此，蛋白质在抵御和消灭病原性微生物、确保人体健康、提供人体所需热能等方面都起着重要作用。

那么，对人体健康至关重要的蛋白质究竟是一类什么样的物质呢？从19世纪以来，许多科学家都孜孜不倦地研究着各种蛋白质的分子结构，最后得出了一个共同结论，所有蛋白质在化学结构上基本是一个模式：蛋白质是由碳、氢、氧、氮、硫、磷等元素先组成约20余种氨基酸，这些氨基酸再按不同数量和排列次序组成形形色色的蛋白质分子。假如以20种不同氨基酸"头""尾"连成一条含有100个氨基酸的长链，那么就会形成20100种不同种类的长链。

实际上，组成蛋白质的长链是极其复杂的。成千上万个氨基酸"头""尾"相连的一串长链被称为多肽链，由一个或多个多肽链盘曲、折叠而构成的特定立体结构才能称为蛋白质。

示踪原子

前面说到过，研究人员向人工合成的牛胰岛素中掺入了放射性14C作为示踪原子，与天然牛胰岛素混合到一起，证明了人工合成的牛胰岛素与天然牛胰岛素是同一种物质。那么，什么是示踪原子呢？它又是如何作用的呢？

示踪原子是将一种稳定的化学元素和它的具有放射性的同位素混合在一起。当它们参与各种系统的运动和变化时，由于放射性同位素能发出射线，测量这些射线便可确定它的位置与分量，只要测出了放射性同位素的分布和动向，就能确定稳定化学元素的各种作用。例如，将放射性磷混合在磷肥中使用，根据放射性磷在植物中的分布，便可了解植物对磷吸收的实际情况。

示踪原子的应用也不只限于生物学，在医学、工业和化学等方面都有极为广泛的用途。（1）在医学上的用途：在医学上利用示踪原子主要是为了诊断病情。例如，放射性的碘化钠在人体内的作用与通常的碘化钠完全相同，这些碘元素集中在甲状腺，然后转变为甲状腺荷尔蒙；另外有些含放射性的原子能够附在骨髓、红血球、肺部、肾脏或留滞在血液中。这些含放射性的元素可被适当的仪器探测出来，作为检查各部位病情的依据。（2）在工业上的应用：有些工业部门，在很多操作过程中，都应用同位素。如，在石油工业中，探测石油时，将放射性的针放入试验井或插进地中，然后再测量放射线穿过不同的岩石被散射的情况，记录下来各处所测的辐射线，据此画出地层的剖面图。此图可告诉地质学家在何处打井较为适当。（3）在化学上的应用：在化学中的某些问题必须使用示踪原子方能解决，例如，金属离子在其盐类的溶液中自身扩散的现象，不能由其他方法加以研究。

此外，有些问题虽然原则上并不一定非要使用示踪方法，不过为了方便，也常使用示踪方法。这是因为示踪原子的应用有特殊的优点：（1）灵敏度极高。通常最灵敏的天平可以称出10克，最灵敏的光谱分析法可以鉴定$10-9$克的物质，而用示踪原子法能检查出$10-14 \sim 10-1$克的放射性物质，这是任何化学分析所不及的。（2）容易辨别，手续简单。用示踪原子法可以节省很多繁复的分析工作。（3）可以揭示其他方法在目前还不能发现的事实，从而得出新的正确的结论。例如用示踪原子测定平衡状态下物质运动的规律、物质的扩散等。

胰岛素功能简介

胰岛素是肌体内唯一降低血糖的激素，也是唯一同时促进糖原、脂肪、蛋白质合成的激素。在医学上，胰岛素主要用于治疗糖尿病等。胰岛素的主要功能有：

一、调节糖代谢

胰岛素能促进全身组织对葡萄糖的摄取和利用，并抑制糖原的分解和糖原异生（生物体将多种非糖物质转变成糖的过程），因此，胰岛素有降低血糖的作用。胰岛素分泌过多时，血糖下降迅速，脑组织受影响最大，可出现惊厥、昏迷，甚至引起胰岛素休克。相反，胰岛素分泌不足或胰岛素受体缺乏，常导致血糖升高；若超过肾糖阈（界限），则糖从尿中排出，引起糖尿；同时由于血液成分改变（如含有过量的葡萄糖），可导致高血压、冠心病和视网膜血管病等病变。

胰岛素降血糖是多方面作用的结果：

1.促进肌肉、脂肪组织等处的靶细胞细胞膜载体将血液中的葡萄糖载运入细胞。

2.通过共价修饰增强磷酸二酯酶活性、降低cAMP（一种环状核苷酸）水平、升高cGMP（环磷酸腺苷）浓度，从而使糖原合成酶活性增加、磷酸化酶活性降低，加速糖原合成、抑制糖原分解。

3.通过激活丙酮酸脱氢酶磷酸酶而使丙酮酸脱氢酶激活，加速丙酮酸氧化为乙酰辅酶A，加快糖的有氧氧化。

4.通过抑制磷酸烯醇式丙酮酸（PEP）羧化酶的合成以及减少糖异生的原料，抑制糖异生。

5.抑制脂肪组织内的激素敏感性脂肪酶，减缓脂肪动员，使组织利用葡萄糖增加。

二、调节脂肪代谢

胰岛素能促进脂肪的合成与贮存，使血液中游离脂肪酸减少，同时抑制脂肪的分解氧化。胰岛素缺乏可造成脂肪代谢紊乱，脂肪贮存减少，分解加强，血脂升高，久之可引起动脉硬化，进而导致心脑血管的严重疾患；与此同时，由于脂肪分解加强，生成大量酮体，出现酮症酸中毒。

三、调节蛋白质代谢

胰岛素一方面促进细胞对氨基酸的摄取和蛋白质的合成，一方面抑制蛋白质的分离，因而有利于生长。腺垂体生长激素的促蛋白质合成作用，必须有胰岛素的存在才能表现出来。因此，对于生长来说，胰岛素也是不可缺少的激素之一。

四、其他功能

胰岛素可促进钾离子和镁离子穿过细胞膜进入细胞内；可促进脱氧核糖核酸（DNA）、核糖核酸（RNA）及三磷酸腺苷（ATP）的合成。

世界最大电力项目
——西电东送工程

西部大开发标志性工程

西电东送，是指开发贵州、云南、广西、四川、内蒙古、山西、陕西等西部省区的电力资源，将其输送到电力紧缺的广东、上海、江苏、浙江和京津唐地区（指以北京、天津和唐山为核心城市的环渤海地区）。西电东送工程，是西部大开发的标志性工程，也是西部大开发的骨干工程。

国家东西双赢的决策

西电东送是由我国能源资源和电力负荷的不均衡性所决定的。我国地域辽阔，能源资源分布极不均匀，煤炭资源的69%集中在"三西"（即山西、陕西和内蒙古西部）地区和云南、贵州等地，水能资源的77%分布在西南和西北地区。经济较发达的东部沿海地区用电负荷相对集中，但能源资源却比较匮乏。

以南方电网覆盖的广东、广西、云南、贵州、海南5省区为例，西部的云南、贵州两省一次能源保有量占90.5%，而东部的广东仅占3.5%，但广东全社会用电量是其他4省区总量的1.5倍。

明显的反差，渴求解决自身问题的紧迫感，使各方走到一起。1988年，党中央、国务院决定实施西电东送，把西部资源优势化为经济优势，让东部经济获得资源后劲。决定一出台，立即得到各方面的响应。

YAOYAN DUOMU DE SHIJIE DIYI

1991年，实施西电东送南部通道建设的中国南方电力联营公司成立，西电东送南部通道建设步伐加快。1993年8月，西电东送南部通道工程成功联网运行。

20世纪90年代末，党中央根据邓小平同志关于我国现代化建设"两个大局"的战略思想，提出了西部大开发的重大战略决策。西电东送，作为西部大开发的标志性工程，又获得了历史性的发展机遇，西部电源点开发和西电东送通道建设步伐大大加快。

西电东送缓解了东部缺电的局面，对平抑东部省份过高的电价做出了贡献，还有利于减轻东部发达地区日益严重的环保压力。而且，西电东送还可以充分利用西部地区得天独厚的自然资源，获得西部大开发所需的启动资金，进而大大促进西部地区的经济发展，是一项东、西部"双赢"的战略。

从北到南三条通道

根据有关部门规划，西电东送将形成三大通道。

一是将贵州乌江、云南澜沧江和广西、云南、贵州3省区交界处的南盘江、北盘江、红水河的水电资源，以及贵州、云南两省坑口火电厂的电能开发出来送往广东，形成南部通道。

二是将三峡和金沙江干支流水电送往华东地区，形成中部通道。

三是将黄河上游水电和山西、内蒙古坑口火电送往京津唐地区，形成北部通道。

在全国西电东送的整体格局中，以贵州、云南、广西、广东4省区为主的南线建设速度最快，已经形成了四回大的输电通道。有关数据显示，自参与西电东送以来，广东是参与投资最多、接收西电最多的省份。

根据规划，在"第十个五年计划"期间，国家将重点加快实施西电东送南线的电源和输电线路建设。根据全国联网规划，到2010年，我国将基本形成北、中、南3个跨区互联电网，预计2010年至2020年，将基本形成覆盖全国的统一联合电网，实现更大范围内的资源优化配置。

向以市场为导向转变

进展顺利的西电东送，在很大程度上是由政府推进的。随着我国市场经济体制的逐步完善，随着电力改革的推进，西电东送又将会遇到哪些难题？如何保证这项东、西部"双赢"的国家战略在新的环境下不折不扣地实行下去，完成国家制定的西电东送目标？这些问题引起了国家和东、西部领导的高度重视。

从售电方讲，西部省份不仅希望东部省份根据电力市场需求情况，继续加大西电东送规模，而且希望能够签订中长期售购电合同，以使正在建设的电站将来有稳定的市场。

从购电方讲，作为受端市场，东部省份最为担心的是电力供应风险。随着政企分开，企业将成为西电东送的主体，电力供需将推向市场。在西电占了东部省份电力供应很大部分的情况下，西电供多少，何时供，价格多少，就成为东部电力企业最关心的因素。

不过，西电东送战略最大的制约因素在于市场，最终解决办法还在于市场。西电东送显然不是简单意义的西部卖电、东部买电，政府将考虑采取一系列的宏观调控措施促使西电东送工程高效有序地运行。比如，在项目的前期规划阶段，政府发挥主导作用，把东部的市场空间腾出来购买西部的电力；但是，在真正实施时还得靠市场化运作，要使西电东送进行得顺利，价格很关键。让东部地区心甘情愿地购买西电，西电必须在市场中有竞争优势。此外，供方一定要满足市场需求，如果西电不能根据季节高峰满足市场需求，东部就不会考虑用西电。

从以政府为主导，向以市场为导向、以企业为主体的转变中，供需双方平等互利，优势互补，才能把西电东送这台戏唱好。有了这样的共识，有了全国建设一盘棋的大局观，有了各部门的全力配合，西电东送才能有从政府层面向企业层面推进的坚强保证。

资源转化成果喜人

国家电力监管委员会（简称电监会）监测结果显示，2012年8月，南方电网完成西电东送电量183亿千瓦时，刷新单月电量记录。其中，贵州送出最大电力911万千瓦，云南送出最大电力955万千瓦，均创历史新高。同时，作为全国受入电量大省，广东接受西电最大电力达2443万千瓦，最大日受电量达到5.6亿千瓦时，也创历史新高。

促进区域协调发展

2000年，贵州、云南的第一批西电东送电力项目开工建设，标志着我国西电东送工程全面启动。在这一重大工程的三大通道中，南线起步最早、距离最长、容量最大，效益也最为显著。南线的建设和运营，由成立于2002年的中国南方电网有限责任公司（简称南方电网）负责。目前，南方电网已建成"八交五直"共13条500千伏及以上的西电东送大通道，西电东送最大电力超过2300万千瓦。这个数字，是中央提出西部大开发战略之初的近20倍。

在全国，我国西电东送输电能力已经由2001年的300万千瓦上升至2010年的6320万千瓦，同比增长达20倍。西电东送年累计送电由2001年的约800亿千瓦时上升至2010年的2186亿千瓦时，同比增长了173%。

10年来，通过实施西电东送，西部地区投资建设了一大批电力项目，带动当地煤炭开采、交通运输以及有色金属等资源型产业的发展，增加了就业和财税收入，有效促进了西部地区将丰富的能源资源优势转化为经济优势。资源的合理开发、优化配置和高效利用已经初见成效。

电监会有关负责人表示，西电东送工程为西部地区的经济发展带来了前所未有的历史机遇，既为当地经济建设提供了大量资金支持，又将西部地区拥有的资源优势转化成经济优势，同时也带动并提升了当地建筑业、运输业、服务业和农业，促进了当地经济社会的发展。

例如，贵州西电东送的电源点大多在经济欠发达地区，电力项目的建设解决了当地一大批村民的就业和增收问题。2011年，贵州电力装机容量达到3484万千瓦，比2002年的707万千瓦净增2777万千瓦，发电量年均增长

13.2%。

又如，从2002年到2011年，云南总装机规模增长了4.6倍，达到4047万千瓦。2000年，云南送广东电量仅为1.13亿千瓦时，而2011年云南送广东电量达310亿千瓦时，送电量增长逾273倍。

西电东送工程向东部地区输送了经济、高效、清洁的电力，满足了东部地区日益增长的电力需求。目前，广东省已成为"西电"最大的受端市场，"西电"份额已经占到地区全社会用电量的30%，近年的迎峰度夏期间，广东的统调电量里有三分之一来自"西电"，为广东地区高峰用电需求提供了充分保障。与此同时，西电东送平抑了东部省份过高的电价，减轻了东部地区日益严重的生态环保压力，促进了东部地区转变发展方式和产业转型升级。

此外，西电东送工程有利于江河治理和水资源合理利用。建一个大型水电站，不仅具有发电效益，而且还有防洪、供水、灌溉、航运等综合效益，有助于实现生态、经济和社会效益的统一。

据统计，从2001年到2010年，西电东送项目的总投资达5265亿元以上（不包括三峡电站），有力地扩大了国内需求，拉动了经济发展。

调整优化电力结构

西电东送的南、中、北三大通道建设，有效促成全国联网格局的形成，促进了跨区送电能力的增加。电监会有关负责人表示，2001年华北与东北电网实现了第一个跨大区交流联网，拉开了全国跨区联网的序幕。

到2011年，除台湾地区外，我国各省级电网实现交直流互联，全国联网格局形成。东北电网与华北—华中电网通过高岭"背靠背"工程实现异步联网，华北—华中电网与华东电网通过葛洲坝—南桥、龙泉—政平和宜都—华新三回±500千伏直流以及向家坝—上海±800千伏直流实现异步联网，西北电网与华北—华中电网通过灵宝"背靠背"工程、德阳—宝鸡±500千伏直流、宁东—山东±660千伏直流实现异步联网，华北—华中电网与南方电网通过三峡—广东±500千伏直流实现异步联网。

这期间，全国的电网电源建设也发生了巨大变化。2011年南方电网220

千伏以上输电线路、变电容量分别为2002年的2.9倍、3.7倍；全网装机总规模达到1.85亿千瓦，是2002年的2.9倍。以此为支撑，10年来，南方电网西电东送电量累计达8263亿千瓦时，年均增长率20%。

与此同时，西电东送促进了我国电力结构调整和电力资源的优化配置。2000年以前，我国的电力管理体制和电网结构以省为单位，电力资源基本上都在省内配置。西电东送工程配套建设了一批大型水电站和高效火电机组，实现了全国更大范围内的资源配置优化。特别值得一提的是，西部地区煤炭资源占全国的55%，西南地区水资源占全国总量的68%，西部地区建成的一批大型水电站和高效火电基地，有利于我国能源结构优化调整和生态环境改善。

西电东送大通道还架构了一个省间互为备用、相互支援的大平台，有效提高了电网防范灾害和事故的能力。2004年到2007年，我国南方5省区遭遇了历史上最严重的缺电时期，电力缺口巨大，约占全国的1/4。就在这几年之中，经过不懈努力，西电东送能力提高了1.3倍，西电东送电量年均增长34%，有效填补了电力缺口。同时，西电东送也拉动了电力设备制造业的发展，使我国电力技术装备水平又上了一个新台阶，对实现电力工业可持续发展起到了重要作用。

水电为主，水火并举

我国是世界上水能资源最丰富的国家，可开发装机容量为3.78亿千瓦，年发电量1.92亿千瓦时。但水能资源的分布极不均匀，90%的可开发装机容量集中在西南、中南和西北地区，特别是长江中上游干支流和西南地区河流。因而，开发西部的电力资源应以水电为主，水火并举。由于水电资源分布与用电负荷分布的不平衡，客观上制约了水电的开发和利用。到1999年底，全国水电总装机容量为7300万千瓦，仅占水电可开发装机容量的19%。我国的东部沿海地区经济发达，仅北京、广东、上海等东部7省市的电力消费就占到全国的40%以上，但能源资源非常短缺，只能从外地运煤建火电厂，这样一来造成大气污染严重，二来交通运输压力会很大。

火力发电的危害

目前，世界上80%的电力来自烧煤或烧油的火力发电站，燃烧后的烟气排放到大气中严重污染环境。随着工业化进程的加快，工厂大量燃烧煤、石油后排放的一氧化碳、二氧化碳、硫化氢和苯并芘，容易形成酸性雨，使土壤酸化，水源酸度上升，对植物及水产资源造成有害影响，破坏生态平衡；而大气中二氧化碳浓度增加还导致大气层的"温室效应"；苯并芘释放到大气中以后，总是和大气中各种类型微粒所形成的气溶胶结合在一起，在8微米以下的可吸入尘粒中，吸入肺部的比率较高，经呼吸道吸入肺部，进入肺泡甚至血液，导致肺癌和心血管疾病。

同时，煤和石油的燃烧还会造成光化学烟雾污染。什么是光化学烟雾？尾气排放的一氧化碳、碳氢化合物、氮氧化物、铅等被称为一次污染物，它们在大气环流中受强烈太阳光紫外线照射后，吸收太阳光所具有的能量，会变得不稳定起来，原有的化学链遭到破坏，形成新的剧毒物质，如臭氧（O3）、醛类、二氧化氮和聚丙烯腈（PAN）等二次污染物。参与光化学反应过程的一次污染物和二次污染物的混合物形成的烟雾污染，就是光化学烟雾。

一次污染物中的一氧化碳和人体红血球中的血红蛋白有比氧强几十倍的亲和力，亲和后生成碳氧血红蛋白，削弱血液向各组织输送氧的功能，造成感觉、反应、理解、记忆力等机能障碍，重者危害血液循环系统，导致生命危险；氮氧化物是对人体，特别是呼吸系统有害的气体。二次污染物中的醛类（甲醛、丙烯醛）和聚丙烯腈会刺激眼睛和造成呼吸困难；而臭氧虽然性质非常不稳定，常温下很快就完全还原为氧气，其游离的活氧可瞬间进行杀菌和除臭，但高浓度的臭氧会强烈刺激人的呼吸道，造成咽喉肿痛、胸闷咳嗽，引发支气管炎和肺气肿等。此外，臭氧还能破坏植物的蛋白质，使橡胶开裂，染料褪色。

水电的优势和劣势

相比火电，水电有很多优势：它运营成本很低，一次性投资建成之后，其发电成本比火电和核电要低得多；水能资源可再生，无污染。而燃煤发电，无论是在煤炭产地建坑口电站，还是在东部消费区建火电厂，燃煤造成的废气污染和炉渣占地、再利用等问题都不好解决，所以说水电的开发对可持续发展的意义非常大。

不过，水电也有缺点：一是一次性投入特别大，尤其是大型水电枢纽的建设需要大量资金；二是峰谷差值比较大。汛期水电站可以满负荷运转，发电量最大，而到了枯水期发电量就很小。所以水电形成的电网供电是不稳定的，这就需要火电来调节。此外，水电开发只是流域开发的一个核心内容，但并不是唯一内容，它应兼顾防洪、航运、灌溉、旅游等，搞综合开发，注重水资源开发的多重效益，这样才能收到开发水电、发展经济、保护生态三大效应。

"西电东送"的东部，以深圳、香港、广州为核心的珠江三角洲，以上海为核心的长江三角洲和以北京、天津、大连为核心的环渤海地区为主框架的沿海地区，是我国经济最发达，产业、人口、城镇高密度集聚区，因此也是电力负荷最高的地区。东部特别是华东和华南，本身并没有丰富的水、煤资源，那么它的电力缺口就只有通过建立核电站来补充。如秦山核电站和大亚湾核电站就是为解决这一问题而建设的。但与水电相比，核电技术安全要求特别高，核废料的处理难度也很大。

水能发电形式多

水能发电主要包括三种形式：一种是用河口的天然落差来发电，也就是通常所说的水力发电；一种是利用潮水的涨落来发电，也就是潮汐发电；还有一种是借助化学物质令海水沸腾，而后吹动发电机发电的温差发电。水力发电比较常见，大家也比较熟悉，下面我们仅介绍一下大家较为陌生的潮汐发电和温差发电。

潮汐是一种世界性的海平面周期性变化的现象，由于受月亮和太阳这两个万有引力源的作用，海平面每昼夜有两次涨落。潮汐作为一种自然现象，为人类的航海、捕捞和晒盐提供了方便，更值得指出的是，它还可以转变成电能，给人带来光明和动力。

简单地说，潮汐发电就是在海湾或有潮汐的河口建筑一座拦水堤坝，形成水库，并在坝中或坝旁放置水轮发电机组，利用潮汐涨落时海水水位的升降，使海水通过水轮机时推动水轮发电机组发电。从能量的角度说，就是利用海水的势能和动能，通过水轮发电机转化为电能。

据估算，世界仅以可利用的潮汐能一项就达30亿千瓦，其中可供发电约260万亿千瓦·时。科学家曾做过计算，沿岸各国尚未被利用的潮汐能要比目前世界全部的水力发电量大一倍。潮汐能在我国也相当可观，蕴藏量为1.1亿千瓦，可开发利用量约2100万千瓦，每年可发电580亿千瓦·时。浙江、福建两省岸线曲折，潮差较大，那里的潮汐能占全国沿海的80%。浙江省的潮汐能蕴藏量尤其丰富，约有1000万千瓦，钱塘江口潮差达8.9米，是建设潮汐电站最理想的河口。

潮汐发电是一项潜力巨大的事业，经过多年来的实践，在工作原理和总体构造上基本成型，可以进入大规模开发利用阶段，其前景是广阔的。

温差发电的基本原理是借助一种工作介质（如低沸点的二氧化硫、氨或氟利昂），在表层温水热力作用下气化、沸腾，吹动发电机发电，之后再利用冷水泵从深层海水中抽上来的冷海水把用过的废蒸汽冷却，重新凝结，再进行循环，如此保持发电机的运行。我国的温差能发电尚处于研究试验阶段，还没有规模化利用，不过，人类已经将温差发电列为发展目标，相信在不久的将来会实现。

我国是海洋大国，大陆海岸线长达18000千米，因此，如果能够将各种发电形式规模化使用，对于我国电能供应紧张将会是一个有利的缓解。不过，由于海洋能密度比较小，要得到比较大的功率，海洋能发电装置要造得很庞大，这意味着海洋能发电目前还面临建设费用高昂、能源功率低等一系列问题。

世界最大规模高速公路项目——"五纵七横"国道主干线

高等级公路组成国道主干线系统

改革开放初，国民经济迅速增长，交通需求急剧增加。由于交通基础设施建设严重滞后，交通运输全面紧张，运输能力严重不足，对国民经济发展的"瓶颈"制约进一步加剧，突出表现在：大多数干线公路、城市出入口和沿海发达地区堵车、压港现象严重。为破解交通拥堵，交通行业进行了大胆创新和探索，二级公路的不断加宽和一级公路的修建一定程度上缓解了交通紧张状况，但交通事故频发、混合交通严重的问题一直没有得到有效解决，干线公路运输仍然不能适应我国经济社会发展的需求。

《国道主干线规划》出台的背景

为切实改变交通严重滞后的局面，1984年，国务院出台了征收车辆购置附加费、提高养路费收费费率，和实行贷款修路、收费还贷等三项政策，将交通置于优先发展的位置，为交通建设拓展了资金渠道。

在新的形势下，如何利用好这些资金，最快地解决交通发展的突出矛盾，迅速缓解交通对国民经济发展的"瓶颈"制约，成为当时交通行业必须破解的重大课题。

交通部党组根据我国社会主义现代化建设"三步走"战略目标和经济发展战略部署，针对当时公路、水路交通存在的主要问题和主要矛盾，参考发达国家交通发展历程，考虑到交通基础设施建设投资大、周期长的特点，认为要从根本上改变我国公路、水运交通长期滞后的局面，逐步适应社会经济发展的需要，需要有一个科学的长远发展规划。在借鉴国外经验并征询各地意见的基础上，交通部党组在1988年9月明确提出建设全国性的交通运输大通道、大骨架、大枢纽的战略设想。

1989年，交通部在召开全国交通工作会议前夕，将长远规划设想向国务院领导进行了汇报，并根据国务院领导批示意见，将"大骨架""大通道""大枢纽"改为"主骨架""主通道""主枢纽"，自此确立了我国公路水路建设长远规划的基本设想。即：从"第八个五年计划（简称八五）"开始，用几个五年计划的时间，在发展以综合运输体系为主轴的交通业总方针指导下，统筹规划，条块结合，分层负责，建设公路主骨架、水运主通道、港站主枢纽，以适应国民经济和社会发展的需要。对公路主骨架，组织有关专家专门讨论后，交通部党组定名为"国道主干线系统"，并正式下达了编制"国道主干线系统规划"的任务。

"五纵七横"国道主干线长远目标规划

根据国民经济和社会发展战略部署，中华人民共和国交通部于"八五"计划期间提出了公路建设的发展方针和长远目标规划。

该规划的内容为：从1991年开始到2020年，用30年左右的时间，建成12条长干线，即"五纵七横"国道主干线，将全国重要城市、工业中心、交通枢纽和主要陆上口岸连接起来并连接所有100万以上人口的大城市和绝大多数50万以上人口的中等城市，逐步形成一个与国民经济发展格局相适应、与其他运输方式相协调、主要由高等级公路（高速、一级、二级公路）组成的快速、高效、安全的国道主干线系统。在技术标准上大体以京广线为界，京广线以东地区经济发达，交通量大，以高速公路为主；以西地区交通量较小，以一、二级公路为主。

"五纵七横"国道主干线工程是我国规划建设的以高速公路为主的公路网主骨架，总里程约3.5万千米。"五纵"指同江—三亚、北京—珠海、重庆—北海、北京—福州、二连浩特—河口；"七横"指连云港—霍尔果斯、上海—成都、上海—瑞丽、衡阳—昆明、青岛—银川、丹东—拉萨、绥芬河—满洲里。其中，"五纵"约15590千米，由下列五条自北向南纵向高等级公路组成：

1.同江—哈尔滨—沈阳—大连—烟台—青岛—连云港—上海—宁波—福州—广州—海口—三亚，长约5700千米；

2.北京—天津—济南—南京—杭州—宁波—福州，长约2540千米；

3.北京—石家庄—郑州—武汉—长沙—广州—珠海，长约2310千米；

4.二连浩特—大同—太原—西安—成都—昆明—河口，长约3610千米；

5.重庆—贵阳—南宁—湛江，长约1430千米。

"七横"总里程约20300千米，由以下七条自东向西横向高等级公路组成：

1.绥芬河—哈尔滨—满洲里，长约1280千米；

2.丹东—沈阳—北京—呼和浩特—银川—兰州—西宁—拉萨，长约4590千米；

3.青岛—济南—石家庄—太原—银川，长约1610千米；

4.连云港—郑州—西安—兰州—乌鲁木齐—霍尔果斯，长约3980千米；

5.上海—南京—合肥—武汉—重庆—成都，长约2770千米；

6.上海—杭州—南昌—长沙—贵阳—昆明—瑞丽，长约4900千米；

7.衡阳—桂林—南宁—昆明，长约1980千米。

该国道主干线系统建成后，将以占全国2%的公路里程承担占全国20%以上的交通量，在大城市间、省际、区域间形成400～500千米当日往返、800～1000千米当日直达的现代化高等级公路网络，并将带来相当可观的经济效益。据测算，建成后每年可节省原全国公路运输柴油消耗量的1/10，降低运输成本和减少客货在途时间所带来的直接效益达400～500亿元，间接效益达2000亿元以上。

2007年12月18日上午，交通部在国务院新闻办公室召开新闻发布会，宣布总规模约3.5万千米的"五纵七横"国道主干线于当年年底基本贯通。

国道主干线系统规划的意义

"五纵七横"这12条主干线全部是二级以上的高等级公路，其中高速公路约占总里程的76%，一级公路约占总里程的4.5%，二级公路占总里程的19.5%。它们连接了首都、各省省会、直辖市、经济特区、主要交通枢纽和重要对外开放口岸，覆盖了全国所有人口在100万以上的大城市和93%人口在50万以上的中等城市，是具有全国性政治、经济、国防意义的重要干线公路。

国道主干线系统作为我国公路网的主骨架，是连接主要经济区域的快速运输通道，是推动生产要素流动，优化资源配置的载体，有效支撑了中国经济发展。1998年亚洲金融危机以来，以国道主干线为主的公路建设为扩大内需、促进国民经济增长做出了重要贡献。除直接拉动我国GDP（国内生产总值）增长外，国道主干线的投资建设，通过各部门之间的投入—产出关系，还带动了相关行业的发展。

国道主干线系统对经济增长的促进作用，不仅表现在建设期的投资需求拉动效应，更重要的在于国道主干线系统的运营。国道主干线的建设，缓解了交通运输对国民经济发展的"瓶颈"制约，有效提高了运输效率，使经济发展的运力保障更为稳固，为我国经济持续稳定增长奠定了基础。国道主干线系统建立了地区之间联系的快速通道，成为引导产业空间布局优化的主轴线，推动了产业结构升级和空间布局优化，促进了区域经济协调发展。同时，以高速公路为主体的国道主干线系统，使道路运输变得更快速、更安全、更便捷、更经济，提高了运输的可靠性和运输效率，有效降低了产品的生产和配送成本，提高了我国产品在国际市场上的价格竞争力，为外向型经济的快速发展和我国深入参与国际竞争创造了条件。

同时，国道主干线系统的建设对社会进步有很大的推动作用，因为它改善了沿线地区的交通条件，提升了区位优势，使城镇的城市功能、职业特色和人口吸纳能力不断加强，城镇人口集聚能力显著增强，推动了我国城镇化进程。国道主干线系统的建设，创造了数以万计的直接就业机会和更加广泛、长久的间接就业机会。国道主干线的建成促进了沿线旅游资源的开发和利用，带动了旅游业的快速发展。国道主干线的实施，为全体公民创造了基础条件和公平的用路机会，实现了交通资源在空间上的公平共享。国道主干线系统是一个稳定性强、通行能力大、安全可靠性好、具备快速反应能力的运输网络，保障了国家经济运行安全和国防安全。

代表性国道主干线介绍

我国国道主干线建设大概经历了4个阶段，即规划出台前的起步建设阶段、规划发布后的稳步建设阶段、1998年以后的加快建设阶段和2003年以来的全面建成阶段。"五纵七横"国道主干线的建设过程中，有许多条高速公路的建设非常具有代表性和示范作用：如，沪蓉高速公路和连霍高速公路。这些重要公路的建成通车为我国高速公路、农村公路、沿海港口、内河水运等交通基础设施建设积累了经验、奠定了基础。

最艰苦的国道主干线：上海—成都线

沪（上海）蓉（成都）高速公路是我国"十五"期间的重点工程，是国道主干线"五纵七横"的一部分。

经过6年攻关，2010年4月18日，湖北沪蓉西高速公路全线正式通车，沪渝（重庆）国家高速公路全线贯通。其中，重庆长寿至万州高速公路是沪蓉公路最艰苦的"瓶颈"，仅此一段就耗费了4年的艰苦奋战。通车后，宜昌至重庆仅需4个多小时，这标志着宜昌与重庆之间水运主导、一统天下的历史将从此改变。

沪蓉高速公路东起上海，经南京、合肥、武汉、重庆，最后到达成都。湖北沪蓉西高速公路东起宜昌，西抵利川，由于处于我国地质阶梯第二级，沿线存在各种滑坡、岩堆、危岩体、岩溶、岩溶塌陷、地下暗河、崩塌、断裂带及冲积扇等不良地质情况，而且需穿越14座高山，跨越13道深谷，沿途地形地质极其复杂，因而成为沪蓉高速最后建成的一段，被称为"集中国地质灾害之大成"和"工程禁区"。因而，湖北沪蓉西高速公路在施工过程中创下了多项世界之最。

例如，巴东四渡河特大桥地处湖北宜昌与恩施交界处，坐落于鄂（湖北的简称）西武陵崇山峻岭中，桥塔的塔顶至峡谷谷底高差达650米，被誉为世界第一高悬索桥，主跨900米。这么大的跨度，需要悬索桥两根主缆每一根承受22000吨的拉力。靠什么拉住主缆？在平原，我们可以浇筑巨大的钢筋混凝土"锚"，拽住缆。在山区没有平地，还要保护山体，施工人员便巧借山体作"墙"，挖了一个下面大上面小的洞，浇筑钢筋混凝土，形成一个"钉"在墙上拉不出去的钉子，主缆拽在钉子上，难题解决了。

沪蓉高速公路是交通部确定的首批科技示范工程，是山区高速公路建设的技术创新之作。工程指挥部有针对性地开展了近30项科技攻关项目和专题研究，力争在全国山区高速公路建设中起到示范作用。

值得一提的是，早在工程开工前，指挥部就确定了环保、水保等目标，与中标施工单位一一签订了环保责任状。并首开高速公路建设管理先例，委托权威部门对全线水土保持敏感目标和特殊地段实施水保监测，将建设生态路的理念植入每一个建设者的心中。

沪蓉高速公路首次采用半路半桥方式构筑公路路基，避免对山体大开大挖。全线线路设计曲线率近80%（即100千米有80千米是弯道），可以说是弯连着弯。这充分说明了设计单位结合鄂西南山区的地形、地貌、地质、水文、气候、植被等特点，引入环保选线以及动态设计的理念。

国内最长的国道主干线：连云港—霍尔果斯线

国道主干线连云港—霍尔果斯线横贯中国大陆的东、中、西部，连接江苏连云港和新疆霍尔果斯，途经江苏、安徽、河南、陕西、甘肃、新疆6个省区，有41%的部分为高速公路，其他为一级公路，是中国建设的最长的横向快速陆上交通通道，最终将成为中国高速公路网的横向骨干。

2006年10月，连云港至霍尔果斯公路主干道全线建成通车，标志着新亚欧大陆桥现代化立体交通体系建设又前进了一大步。

新亚欧大陆桥（简称陆桥），又名"第二亚欧大陆桥"，是从中国的江苏连云港市和山东日照市等港群，到荷兰的鹿特丹港口、比利时的安特卫普等港口的以铁路运输为主、海陆联运的运输线路。陆桥主体的铁路运输，已于1992年12月1日开始运营。除了铁路与港口须臾不可分离外，包括国际过境集装箱运输在内的沿桥运输主要由铁路大通道承担，迫切需要加快多种运输方式的基础设施建设。虽然在一些区段，铁路增加复线，实施电气化技术改造，可是仍然不能满足陆桥经济发展，特别是外向型经济对运输的需要。连霍国道主干线贯通正顺应了这种需要。连霍国道主干道全线通车，为陆桥（中国段）立体化建设添了彩，对陆桥运输和沿桥区域经济发展产生重要影响。

连霍国道主干线是我国建成的横向最长的公路快速通道，全程汽车运输时间仅需50多个小时，为陆桥沿线中、西部地区增加了一条快速的出海通道，也为东、中部地区提供了一条"走西口"去中亚、西亚、欧洲的便捷通道，对于促进国家西部大开发进一步实施，实现东、中、西部地区协调发展发挥了重要作用，标志着陆桥运输迈上新的台阶。

公路相比铁路更容易形成"网"

现代交通运输，无论何种运输方式都是"网络"运输，因为只有形成"网"才能覆盖面广，通达度深，吸引人流、物流多，信息源丰富。作为交通运输的大通道和主干道，铁路和公路在网络运输方面又有更高的要求。可是，鉴于多种因素，铁路大通道形成网络难度较大，而公路由于人们利用得比较广泛，所以形成网络的难度相对较小。即使在基本形成网络的陇海铁路及其沿线的重要城市，铁路网络的密度也不如公路密集。

"网网联合"优势大

运输网络涵盖了公路网、铁路网、航空网以及水运网，单独使用一种网络，有时并不能满足运输所需，所以应该综合应用多种网络。新亚欧大陆桥就是综合应用多种运输网络的一个典范，尤其是公路网，在这里发挥着不可代替的作用。

陆桥是以铁路运输为主、海陆联运的运输线路，其运输特征是"门到门"的服务。网络连接越是广泛，吸引的人流、物流越多，越能体现陆桥运输"门到门"运输的特征。

"门到门"服务是陆桥国际过境集装箱运输的重要优势，因为它能通过海运、铁路、内河、公路和航空等多种形式的联运，将跨国（两国或多国）间的货物，由一国发货人的仓库集装箱，直接运到另一国收货人的仓库里。这样既减少了换装作业的时间和劳力，又节省了费用支出，节约了货物运输成本，为降低商品价格创造了条件，也保证了货物运输安全，提高了商品在市场的竞争力。

陆桥（中国段）的陆上运输也同样按国际过境集装箱运输的要求，实行"门到门"服务。就铁路而言，"门到门"服务就需要通达厂矿企业仓库的铁路专用线。可是铁路专用线在陆桥（中国段）陇海线上屈指可数，兰新线（兰州—乌鲁木齐）上更是鲜见，因此铁路做到"门到门"服务，实在力不从心。而公路运输具有机动灵活的特点，既是陆上客运和货运"门到门"运输的便捷运输方式，也是其他运输方式完成"门到门"服务的重要集散手段，在陆桥现代化立体运输体系中，具有不可替代的作用。加之公路网通达面广，除国道通达大中城市外，国道、省道及地方公路联合网络还通达到中小城市。

目前，沿陆桥中国段各省区已实现了公路通达到县、市，有的还通达到乡镇，甚至是行政村。如河南省实现了村村通客车，新疆早在1999年乡镇公路的通达率即达到98%，其他各省也先后实现了公路通到乡镇和行政村。在这样的情况下，铁路运输部门和公路运输部门完全可以联合起来，按照陆桥运输的基本特征，实行"门到门"的优质服务，在铁路专用线不能到达的地方，由公路运输汇集和疏散，让货主满意，增强陆桥运输的市场竞争力，使新亚欧大陆桥运输充满生机和活力，更具吸引力。

高速公路知多些

高速公路和普通公路都是公路网络的重要组成部分。不过，为了使路上的车辆能够高速、安全、顺畅地行驶，高速公路上有着许多与普通公路不同的地方。

例如，高速公路严格禁止行人和速度慢的车辆进入，中央分隔带将往返交通完全隔开。为了保证多辆汽车能够同时在高速公路上行驶而又互不干扰，高速公路上设有多种不同用途的车道，并且在交叉路口处都修建有高架桥或立交桥，因此，整条高速公路上没有一个平面交叉路口，红绿灯没有用武之地，所以在高速公路上看不到红绿灯的身影。

我国的高速公路设置了行车道、超车道和应急车道三种车道。如果面朝车辆行驶方向，那么最左边的车道是超车道；中间是行车道，行车道可以有一条以上；最右边的是应急车道，供车辆遇紧急情况时停车用，比如车辆出故障时可以停在这条车道上维修，另外，警车、消防车、救护车等特种车辆在执行紧急任务时也可以借用这条车道。

不仅如此，高速公路上也没有路灯照明。那司机如何识别高速公路上的标识和标线呢？原来，高速公路通常使用特殊的反光涂料或反光膜等，这些反光材料的折射率很大，当汽车前灯发出的强烈灯光照射在涂有反光材料的交通标志牌上时，光线平行地反射回司机眼中，被照射的交通标志由此清晰可见。一般来说，反光标志对车灯的折射距离可达1000米，这一距离足够司机做出反应。高速公路上使用反光材料既节约能源，又能让司机清晰地辨认道路交通标志、标线等，提高行车的安全性。

高速公路是供汽车高速行驶的超长路段，由于路途缺乏变化，很容易造成司机疲劳。为了提高高速行驶的安全性，一般高速公路都会在一定长度的直线路段后设置一段弯道，这种有变化的道路能有效刺激司机的视觉，提高警惕，避免司机长时间在笔直的公路上行驶，因感到单调乏味而注意力分散。

世界最大水利工程
——"南水北调"工程

缓解北方水资源严重短缺的重大战略性工程

南水北调是缓解中国北方水资源严重短缺局面的重大战略性工程。我国南涝北旱，南水北调工程通过跨流域的水资源合理配置，大大缓解我国北方水资源严重短缺问题，促进南北方经济、社会与人口、资源、环境的协调发展。

南水北调工程简介

自1952年国家领导人提出"南方水多，北方水少，如有可能，借点水来也是可以的"的设想以来，在党中央、国务院的领导和关怀下，广大科技工作者做了大量的野外勘查和测量工作，在分析比较50多种方案的基础上，形成了南水北调东线、中线和西线调水的基本方案，并获得了一大批富有价值的成果。

南水北调工程主要解决我国北方地区，尤其是黄河、淮河、海河（黄淮海）流域的水资源短缺问题，规划区涵盖人口4.38亿人。

南水北调工程规划最终调水规模448亿立方米，其中东线148亿立方米，中线130亿立方米，西线170亿立方米，建设时间约需40～50年。建成后将解决700多万人长期饮用高氟水和苦咸水的问题。

西中东三条调水线路

南水北调是继三峡工程之后，我国又一个重大的国土建设工程，它对中国社会进步和经济持续发展的意义甚至超过了三峡工程。这一浩大的工程，对于我们提高资源综合利用效率、合理配置资源、增强环境意识和社会公益责任感，都提出了更高的要求。

从20世纪50年代提出"南水北调"的设想后，经过几十年研究，南水北调的总体布局确定为：分别从长江上、中、下游调水，以适应西北、华北各地的发展需要。南水北调工程分三条调水线路，即南水北调西线工程、南水北调中线工程和南水北调东线工程。建成后与长江、淮河、黄河、海河相互连接，将构成我国水资源"四横三纵、南北调配、东西互济"的总体格局。

我国地势西高东低，可以形象地划分为三级阶梯：第一级阶梯为青藏高原，其海拔最高；第三级阶梯为大兴安岭—太行山—巫山—雪峰山以东的部分，海拔最低；第二级阶梯即位于第一级和第三级阶梯之间的地区，海拔高度也处于第一级和第三级阶梯之间。南水北调西线工程就在最高一级的青藏高原上，地形上可以控制整个西北和华北，但因长江上游水量有限，只能为黄河上、中游的西北地区和华北部分地区补水；中线工程从第三阶梯西侧通过，从长江支流汉江中上游的丹江口水库引水，自流供水给黄淮海平原大部分地区；东线工程位于第三阶梯东部，因地势低需抽水北送。

西线工程：在长江上游通天河、支流雅砻江和大渡河上游筑坝建库，开凿穿过长江与黄河的分水岭巴颜喀拉山的输水隧洞，调长江水入黄河上游。西线工程的供水目标主要是解决涉及青海、甘肃、宁夏、内蒙古、陕西、山西等6省（自治区）黄河上中游地区和渭河关中平原的缺水问题。结合兴建黄河干流上的骨干水利枢纽工程，还可以向邻近黄河流域的甘肃河西走廊地区供水，必要时也可向黄河下游补水。

中线工程可缓解北京、天津和华北地区水资源危机，为北京、天津及河南、河北沿线城市生活、工业增加供水64亿立方米，增供农业用水30亿立方米，大大改善供水区生态环境和投资环境，推动我国中部地区的经济发展。丹江口水库大坝加高，可以提高汉江中下游防洪标准，保障汉北平原及武汉市安全。中线工程从长江下游引水，基本沿京杭运河逐级提水北送，向黄淮海平原东部供水，终点天津。

东线工程自20世纪50年代初就有设想，1972年华北大旱后，当时的水电部组织进行研究。20多年来由南水北调规划办公室牵头，淮河水利委员会、海河水利委员会、水利部天津勘测设计院与有关省市、部门协作做了大量勘测、设计、科研工作。1976年提出《南水北调近期工程规划报告》，上报国务院，并进行初审。1983年3月，国务院批准了水电部上报的《南水北调东线第一期工程可行性研究报告》。1993年9月，水利部会同有关省市共同审查并通过《南水北调东线工程修订规划报告》和《南水北调东线第一期工程可行性研究修订报告》。

东线工程可为江苏、安徽、山东、河北、天津五省市净增供水量143.3亿立方米，其中生活、工业及航运用水66.56亿立方米，农业用水76.76亿立方米。东线工程实施后，可基本解决天津市，河北黑龙港及远东地区，山东鲁北、鲁西南和胶东部分城市的水资源紧缺问题，并具备向北京供水的条件。东线工程还可以促进环渤海地带和黄淮海平原东部经济发展，改善因缺水而恶化的环境；为京杭运河济宁至徐州段的全年通航保证了水源；使鲁西和苏北两个商品粮基地得到巩固和发展。

南水北调工程是实现我国水资源优化配置的战略举措。受地理位置、调出区水资源量等条件限制，西、中、东三条调水线路各有其合理的供水范围，相互不能替代，可根据各地区经济发展需要、前期工作情况和国家财力状况等条件分步实施。

与其他调水工程差别

世界各地有很多调水工程。在4000多年以前，世界上就有了调水工程。埃及的尼罗河，印度的恒河，南美的亚马孙河，美国的密西西比河、科罗拉多河都有调水工程。俄罗斯水资源并不短缺，但是主要河流间均用运河联通，形成了纵横交错的大水网。迄今为止全世界40多个国家有400多项调水工程，南水北调只是其中之一。

我国调水工程可谓历史悠久。例如：2400年前的京杭大运河、郑国渠，

2000年前的都江堰等。新中国成立以后，调水工程就更多了，例如东深供水、引滦入津、引黄济青、引额济乌等工程。

与其他调水工程相比，南水北调工程具有四个特点：

一是规模不同。首先，是跨流域。综观国内外调水工程，真正跨流域调水的很少。南水北调横跨长江、淮河、黄河、海河四大流域，不仅是解决水资源补给的问题，而且是在更大范围内进行水资源优化配置，通过东、中、西三条调水线路与长江、淮河、黄河、海河联系，构成以"四横三纵"为主体的水网总体布局，为经济社会可持续发展提供水资源保障。第二，长度不同。东、中线加起来长度近3000公里，长距离调水工程受气候的变化影响很大，工程建设和运行的要求非常高。第三，水量不同。南水北调三条线共调水448亿立方米，相当于一条黄河的水量。东、中线工程又处于我国比较发达的地区，中线还有跨渠桥梁1800多座，跨越的公路、铁路、油气管道加在一起几千处，这也是技术上的挑战。

二是工程目标不同。以往国内外调水工程绝大多数是单一目标，有的以农业灌溉为目标，有的以生活用水为目标。南水北调工程建设是多目标的，不仅是水资源配置工程，更是一个造福人民的综合性生态工程。工程实施后，将极大地提高受水区水资源与水环境承载的能力，向沿线100多个城市供水，同时把城市侵占的一部分农业用水和生态用水偿还给农业和生态。在某种意义上是工业反哺农业，城市反哺农村，是科学发展观在水资源安全方面的生动体现。

三是工程领域不同。以往的调水项目主要是工程领域，修渠道，建堤坝，搞工程。南水北调不仅涉及工程领域，还涉及社会层面的征地移民、水污染治理、生态环境及文物保护等。东线为满足调水水质要求，安排治污项目426项，投入140亿元，加大水污染治理力度，且取得初步成效，为全国其他重点流域污染治理提供了借鉴。

四是技术管理不同。南水北调由150多个设计单元工程、2700多个单位工程组成，且建筑物种类众多，技术要求高，面临着很多技术难题。比如：丹江口大坝加高，既要加高又要加厚，怎样保证新老混凝土连接、联合受力，国内外尚无类似工程实践。

工程内容

南水北调工程是中国改革开放的标志性工程，将在中国大地上与万里长城、大运河一样，成为中华民族伟大史诗的辉煌篇章。其中，中线工程总干渠沟通长江、淮河、黄河、海河四大流域，需穿过黄河干流及其他集流面积10平方千米以上河流219条，跨越铁路44处，需建跨总干渠的公路桥571座，此外还要修建节制闸、分水闸、退水建筑物和隧洞、暗渠等各类建筑物近千座。可以说，中线工程正是由这些建筑物共同构筑起的一座世纪丰碑。

南水北调中线主体工程

南水北调中线主体工程由水源区工程和输水工程两大部分组成。水源区工程为丹江口水利枢纽后期续建和汉江中下游补偿工程，输水工程为引汉总干渠和天津干渠。

一、水源区工程

1. 丹江口水利枢纽续建工程：丹江口水库控制汉江60%的流域面积，多年平均天然径流量408.5亿立方米，考虑上游发展，预测2020年入库水量为385.4亿立方米。丹江口水利枢纽在已建成初期规模的基础上，按原规划续建完成，坝顶高程从现在的162米，加高至176.6米，设计蓄水位由157米提高到170米，总库容达290.5亿立方米，比初期增加库容116亿立方米，增加有效调节库容88亿立方米，增加防洪库容33亿立方米。

2. 汉江手动阀中下游补偿工程：为免除调水对汉江中下游的工农业及航运等用水可能产生的不利影响，需兴建干流渠化工程兴隆或碾盘山枢纽、东荆河引江补水工程，改建或扩建部分闸站和增建部分航道整治工程。

二、输水工程

1. 总干渠：黄河以南总干渠线路受已建渠首位置、江淮分水岭的方城垭口和穿过黄河的范围限制，走向明确。黄河以北曾比较利用现有河道输水和新开渠道两类方案，从保证水质和全线自流两方面考虑，最终选择新开渠道的高线方案。总干渠自南阳市淅川县陶岔渠首引水，沿已建成的8千米渠道延伸，在伏牛山南麓山前岗垅与平原相间的地带，向东北行进，经南阳过白河后跨江淮分水岭方城垭口入淮河流域。经宝丰、禹州、新郑西，在郑州西北孤柏咀处穿越黄河。然后沿太行山东麓山前平原和京港高铁、京广铁路西侧北上，至唐县进入低山丘陵区，过北拒马河进入北京境，过永定河后进入北京城区，终点是玉渊潭。

总干渠全长1241.2千米，渠首设计水位147.2米，终点49.5米，全线自流。天津干渠自河北徐水区西黑山村北总干渠上分水向东至天津西河闸，全长142千米。

渠道全线按不同土质，分别采用混凝土、水泥土、喷浆抹面等方式全断面衬砌，防渗减糙。渠道设计水深随设计流量由南向北递减，由渠首9.5米减到北京3.5米，底宽则由渠首5.6米增加到北京7米。总干渠的工程地质条件和主要地质问题已基本清楚。对所经膨胀土和黄土类渠段的渠坡稳定问题、饱和砂土段的震动液化问题和高地震烈度段的抗震问题、通过煤矿区的压煤及采空区塌陷问题等，在设计中都采取了相应工程措施解决。

2.穿黄河工程：总干渠在黄河流域规划的郑州桃花峪水库库区穿过黄河，穿黄工程规模大，问题复杂，投资多，是总干渠上最关键的一部分。经多方案综合研究比较认为，渡槽和隧道倒虹两种形式技术上均可行。因为隧道方案可避免与黄河河势、黄河规划的矛盾，而且盾构法施工技术国内外都有成功经验可借鉴。穿黄河隧道工程全长约7.2千米，设计输水能力500立方米/秒，采用两条内径8.5米圆形断面隧道。

五利俱全的水利工程——丹江口水库

丹江口水库，是亚洲第一大人工淡水湖、南水北调中线工程水源地、国家一级水源保护区、中国重要的湿地保护区、国家级生态文明示范区。

水库位于汉江中上游，横跨湖北和河南两省，水源主要来自汉江及其支流丹江。丹江口大坝于1958年始建，1973年初期工程完成，蓄水形成丹江口水库。丹江口水库多年平均面积700多平方千米，2012年丹江口大坝加高后，水域面积将超过1000平方千米，蓄水量达290.5亿立方米，被誉为"亚洲天池"。水质连续25年稳定在国家二类以上标准。

丹江口水利枢纽工程，由拦江丹江口大坝、丹江发电厂、升船机和两个灌溉引水渠渠首四部分组成，大坝高为162米，混凝土大坝坝高97米，大坝总长2494米（其中混凝土坝长1141米），设计蓄水水位157米，相应库容为174亿立方米，平均泄洪能力为9200立方米/秒，电站装机6台，单机容量为17万千瓦时，年发电量为45亿千瓦时。大坝升船机经过改造升级后一次可载重300吨级驳船过坝。

两个引水渠渠首分别是位于河南省淅川县九重镇的陶岔（即南水北调中线工程的取水口和水源地，设计流量为500立方米/秒）和位于湖北省的清泉沟隧洞（设计流量为100立方米/秒）。这座水库是目前中国功能最全、效益最佳的特大型水库之一，在防洪、发电、航运、灌溉、养殖以及旅游等方面都发挥着巨大的优势，有"中国五利俱全的水利工程"之称。

2005年9月，南水北调中线控制性工程——丹江口大坝加高工程开工。大坝加高后，正常蓄水位将从157米提高至170米，库容从174.5亿立方米增加到290.5亿立方米。工程概算投资为24.25亿元。2014年秋季后，将向河南、河北、北京、天津4省市沿线地区的20多座城市供水。

工程统计

2010年南水北调工程开工项目40项，单年开工项目数创工程建设以来最高记录；完成投资379亿元，相当于开工前8年完成投资总和，创工程开工以来的新高。2010年，南水北调加大初步设计审查审批力度，共组织批复41个设计单元工程，累计完成136个，占155个设计单元工程总数的88%；批复投资规模1100亿元，超过开工以来前8年批复投资总额，累计批复2137亿元，占可研总投资2289亿元（不含东线治污地方批复项目）的93%，单年批复投资规模创开工以来新高。截至2010年底，南水北调全部155项设计单元工程中，基本建成33项占21%；在建79项占51%；主体工程累计完成投资769亿元，占可研批复总投资的30%。

截至2012年1月底，南水北调已累计完成南水北调东、中线一期工程投资1636.6亿元，其中中央预算内投资247.3亿元，中央预算内专项资金（国债）106.5亿元，南水北调工程基金144.2亿元，国家重大水利工程建设基金

708.2亿元，贷款430.4亿元。

工程建设项目（含丹江口库区移民安置工程）累计完成投资1391.1亿元，占在建设计单元工程总投资2188.7亿元的64%，其中东、中线一期工程分别累计完成投资220亿元和1157.5亿元，分别占东、中线在建设计单元工程总投资的74%和61%；过渡性资金融资利息12.7亿元，其他0.9亿元。

工程建设项目累计完成土石方110269万立方米，占在建设计单元工程设计总土石方量的83%；累计完成混凝土浇筑2279万立方米，占在建设计单元工程混凝土总量的59%。

工程相关专业名词

20世纪中期的中国，由于水利设施落后，直接影响了农村的发展。为了摆脱这种困境，引水灌溉就成为一项突出的民生工程。水库、渡槽和隧道倒虹等一系列水利设施，就在这种背景下在全国各地开始大规模兴建，它们见证了近代中国农业、水利发展的起承转合。

水库

水库，一般的解释为拦洪蓄水和调节水流的水利工程建筑物，是指在山沟或河流的狭口处建造拦河坝形成的人工湖泊。水库建成后，可起防洪、蓄水灌溉、供水、发电、养鱼等作用。有时天然湖泊也称为水库（天然水库）。水库规模通常按库容大小划分，分为小型、中型、大型等。

一、水库的防洪作用

水库是我国防洪广泛采用的工程措施之一。在防洪区上游河道适当位置兴建能调蓄洪水的综合利用水库，利用水库库容拦蓄洪水，削减进入下游河道的洪峰流量，达到减免洪水灾害的目的。水库对洪水的调节作用有两种不同方式，一种起滞洪作用，另一种起蓄洪作用。

1. 滞洪作用

滞洪就是使洪水在水库中暂时停留。当水库的溢洪道上无闸门控制，水库蓄水位与溢洪道堰顶高程平齐时，则水库只能起到暂时滞留洪水的作用。

2. 蓄洪作用

在溢洪道未设闸门情况下，在水库管理运用阶段，如果能在汛期前用水，将水库水位降到水库限制水位，且水库限制水位低于溢洪道堰顶高程，则限制水位至溢洪道堰顶高程之间的库容，就能起到蓄洪作用。蓄在水库的一部分洪水可在枯水期有计划地用于兴利需要。当溢洪道设有闸门时，水库就能在更大程度上起到蓄洪作用，水库可以通过改变闸门开启度来调节下泄流量的大小。由于有闸门控制，这类水库防洪限制水位可以高出溢洪道堰顶，并在泄洪过程中随时调节闸门开启度来控制下泄流量，具有滞洪和蓄洪双重作用。

二、水库的兴利作用

降落在流域地面上的降水（部分渗至地下），由地面及地下按不同途径泄入河槽后的水流，称为河川径流。河川径流具有多变性和不重复性，在年与年、季与季以及地区之间来水都不同，且变化很大。大多数用水部门（例如灌溉、发电、供水、航运等部门）都要求比较固定的用水数量和时间，它们的要求经常不能与天然来水情况完全相适应。人们为了解决径流在时间上和空间上的重新分配问题，充分开发利用水资源，使之适应用水部门的要求，往往在江河上修建一些水库工程。水库的兴利作用就是进行径流调节，蓄洪补枯，使天然来水能在时间上和空间上较好地满足用水部门的要求。

渡槽

南水北调有一个关键词：穿越。中线工程全长1000多千米，基本的思路是丹江口水库高筑坝，提高入水口水位，然后精心设计走向，让北调之水全程自流到达北京及华北地区。全程自流是顺其自然的理念，然而横亘在自流方向上的河流、山脉、城市、铁路及各种道路，都需要完成"穿越"方可实现，因此，"穿越"不但是关键词，也是我们看到的当代工程奇迹。其中最有代表性的穿越，就是让长江与黄河互相穿越的"穿黄工程"和漕河渡槽工程。

"穿黄工程"使用穿黄隧洞来实行"穿越"，可谓河床之下的立交，不过中线工程更多的跨越河流的穿越，是空中大渡槽的凌空飞越，其中已建成并且多次向北京输水的就是河北满城县境内的漕河大渡槽。漕河渡槽横跨漕河和马连川河两条河流。由于多年干旱缺水，这两条河流早已干涸，布满乱石的河床成了横在中线工程北上道路上的堑壕。

漕河渡槽是南水北调中线漕河段工程中最为重要的部分。渡槽共41跨，总长1286.6米，设计流量每秒125立方米，最大流量每秒150立方米，每跨长度30米，无论是过水能力还是单跨长度均创造了全国之最，单跨长度仅次于30.8米跨度的印度葛麦力渡槽，为亚洲已建成的第二大渡槽工程（南水北调更大的渡槽尚在建设中）。巨槽飞架两山之间，凌空穿越两河之上，从高处看像双向通行的高速公路。

渡槽又称高架渠、输水桥，是一组由桥梁，隧道或沟渠构成的输水系统。通常架设于山谷、洼地、河流之上，用于通水、通行和通航。用来把远处的水引到水量不足的城镇、农村以供饮用和灌溉。现在许多水利工程、引水工程等大量地使用着渡槽，创造出很多富有特色的新式渡槽、现代化渡槽。20世纪30年代出现了钢筋混凝土渡槽，60年代以后，随着大型灌区工程的发展，各种轻型结构渡槽、大跨度拱式渡槽被广泛采用。

隧道倒虹

隧道倒虹也叫作倒虹吸水，是用以输送渠道水流穿过河渠、溪谷、洼地、道路的压力管道。从地下或敷设在地面穿过河渠、溪谷、洼地或道路，常用钢筋混凝土及预应力钢筋混凝土材料制成，也有用混凝土、钢管制做的，主要根据承压水头、管径和材料供应情况选用。

倒虹吸管分为3个部分。①进口段。包括渐变段、铺盖和护底等防渗防冲设施，以及拦污栅、闸门、进水口等。当含沙量大时还设沉沙池。②管身。断面多为圆形，也用矩形或直墙圆拱形。可埋于地下，也可敷设于地面。当管道跨越深谷和山洪沟时，可在深槽部分建桥，在其上铺设管道过河。管道在桥头两端山坡转弯处设镇墩加强稳定，并于其上开设放水冲沙孔。两岸管道仍沿地面敷设。这类倒虹吸管又称桥式倒虹吸管。③出口段。设消力池，并与下游平顺连接，用以调整出口流速分布。倒虹吸管较渡槽造价低，施工简单；但水头损失较大，清淤较困难。

截流难度世界之最
——三峡导流明渠截流

三峡工程全面完工

三峡水电站，又称三峡工程、三峡大坝，位于中国重庆市市区到湖北省宜昌市之间的长江干流上。大坝位于宜昌市上游不远处的三斗坪，和下游的葛洲坝水电站构成梯级电站。它是世界上规模最大的水电站，也是中国有史以来建设最大型的工程项目。而由它所引发的移民搬迁、环境等诸多问题，使它从开始筹建的那一刻起，便始终与巨大的争议相伴。三峡水电站的功能有十多种，包括航运、发电、种植等等。三峡水电站1992年获得全国人民代表大会批准建设，1994年正式动工兴建，2003年开始蓄水发电，于2009年全部完工。

从设想到开工

中华人民共和国成立后，由于长江上游频发洪水，屡屡威胁武汉等长江中游城市的安危，因此三峡工程被提起。1953年初，国家领导人在视察三峡时，提出建设三峡工程的设想，并指定了工程督办负责人。不久，三峡工程的勘探、设计、论证工作就开始了，当时还邀请了苏联的水利专家参与。不过，由于当时水利领域内存在支持工程上马和反对工程上马的两种截然不同的意见，双方争论得非常激烈。在这种情况下，考虑国力、技术和国内国际形势等其他因素，三峡工程最终被暂缓实施。而葛洲坝水电站作为三峡水电站的实验工程，开始了修建。

葛洲坝水电站位于湖北省宜昌市区，1971年开工，"边设计、边准备、边施工"，但不久后就因为施工质量实在不合格而停工。在多次修改设计和施工方案后，于1974年复工，1981年实现长江截流，1988年全部建成。电站为无调节能力的径流式水电站，共安装19台12.5万千瓦和2台17万千瓦水轮发电机组，总装机容量271.5万千瓦，一度是中国最大的发电厂。

20世纪80年代初，中国提出建设"四个现代化"的口号，要兴建一批骨干工程以拉动国民经济的发展，三峡工程于是被再次提上议事日程。1983年，水利电力部提交了工程可行性研究报告，并着手进行前期准备。1984年，国务院批准了这份可行性研究报告，但是在1985年的中国人民政治协商会议上，仍然有不少委员表示强烈反对。于是，从1986年到1988年，国务院又召集412位专业人士，分14个专题，对三峡工程进行全面重新论证。论证结果认为，三峡工程技术方面可行，经济方面合理，"建比不建好，早建比晚建更为有利"。不过这之后争论非但没有平息，各方反对的声浪反而更大。在难以取得一致意见的情况下，国务院将工程议案提交给第七届全国人民代表大会第五次会议审议。这是中华人民共和国历史上继1955年三门峡水电站之后，第二件提交全国人民代表大会审议的工程建设议案。1992年4月3日，该议案获得通过，标志着三峡工程正式进入建设期。

动工直到建成

在全国人大通过兴建议案后，1993年，国务院设立了三峡工程建设委员会，为工程的最高决策机构，由国务院总理兼任委员会主任。此后，工程项目法人中国长江三峡工程开发总公司成立，实行国家计划单列，由国务院三峡工程建设委员会直接管理。1994年12月14日，各方在三峡坝址举行了开工典礼，宣告三峡工程正式开工。

三峡工程的总体建设方案是"一级开发，一次建成，分期蓄水，连续移民"。工程共分三期进行，总计约需17年。

一期工程从1993年初开始，利用江中的中堡岛，围护住其右侧后河，筑起土石围堰，深挖基坑，并修建导流明渠。在此期间，大江继续过流，同时在左侧岸边修建临时船闸。1997年导流明渠正式通航，同年11月8日实现大江截流，标志着一期工程达到预定目标。

二期工程从大江截流后的1998年开始，在大江河段浇筑土石围堰，开工建设泄洪坝段、左岸大坝、左岸电厂和永久船闸。在这一阶段，水流通过导流明渠下泄，船舶可从导流明渠或者临时船闸通过。到2002年中，左岸大坝上下游的围堰先后被打破，三峡大坝开始正式挡水。2002年11月6日实现导流明渠截流，标志着三峡全线截流，江水只能通过泄洪坝段下泄。2003年6月1日起，三峡大坝开始下闸蓄水，到6月10日蓄水至135米，永久船闸开始通航。7月10日，第一台机组并网发电，到当年11月，首批4台机组全部并网发电，标志着三峡二期工程结束。

三期工程在二期工程的导流明渠截流后就开始了，首先是抢修加高一期时在右岸修建的土石围堰，并在其保护下修建右岸大坝、右岸电站和地下电站、电源电站，同时继续安装左岸电站，将临时船闸改建为泄沙通道。2009年，整个工程已全部完工。

实际效益——防洪、发电和航运

三峡工程主要有三大效益，即防洪、发电和航运，其中防洪被认为是三峡工程最核心的效益。

历史上，长江上游河段及其多条支流频繁发生洪水，每次发生特大洪水时，宜昌以下的长江荆州河段（荆江）都要采取分洪措施，淹没乡村和农田，以保障武汉的安全。在三峡工程建成后，其巨大库容所提供的调蓄能力将能使下游荆江地区抵御百年一遇的特大洪水，也有助于洞庭湖的治理和荆江堤防的全面修补。

三峡工程的经济效益主要体现在发电。它是中国西电东送工程中线的巨型电源点，非常靠近华东、华南等电力负荷中心，所发的电力将主要售予华中电网的湖北省、河南省、湖南省、江西省、重庆市，华东电网的上海市、江苏省、浙江省、安徽省，以及南方电网的广东省。三峡的上网电价按照各受电省份的电厂平均上网电价确定。由于三峡电站是水电机组，它的成本主要是折旧和贷款的财务费用，因此利润非常高。由于长江属于季节性变化较大的河流，尽管三峡电站的装机容量大于南美洲伊泰普水电站，但其发电量却少于后者。

在三峡建设的早期，曾经有人认为三峡工程建成后，其强大的发电能力将会造成电力供大于求。但现在看来，即使三峡水电站全部建成，其装机容量也仅及至那时中国总装机容量的3%，并不会对整个国家的电力供需形势产生多大影响。而且自2003年起，中国出现了严重的电力供应紧张局面，煤炭价格飙升，三峡机组适逢其时开始发电，在它运行的头两年里，发电量均超过了预定计划，供不应求。

自古以来，长江三峡段下行湍急，唐代诗人李白曾留下"朝辞白帝彩云间，千里江陵一日还，两岸猿声啼不住，轻舟已过万重山"（《早发白帝城》）的千古名句。但同时，船只向上游航行的难度也非常大，并且宜昌至重庆之间仅可通行3000吨级的船舶，所以三峡的水运一直以单向为主。到三峡工程建成后，该段长江将成为湖泊，水势平缓，万吨轮可从上海通达重庆。而且通过水库的放水，还可改善长江中下游地区在枯水季节的航运条件。不过，由于永久船闸分为五级，因此通行速度较为缓慢，理论上过闸要2小时40分钟，不过在目前实际运行中，往往需要4个小时以上才能通过。

关键性控制工程——明渠截流

三峡工程导流明渠截流（即拦断长江导流明渠）是二、三期工程衔接的关键性控制工程，也是三峡工程建设的技术难题之一，因而，三峡工程导流明渠截流成功为中国建设世界上最大的水利工程——三峡工程奠定了良好基础。专家表示，导流明渠截流总功率为41.02万千瓦，是三峡大坝截流总功率的9.2倍，是世界上著名的水电工程伊泰普工程截流总功率的1.4倍，其截流难度为世界之最。

三峡导流明渠截流难在何处

三峡导流明渠截流的主要难点表现在以下五个方面：

一是工程规模大、工期紧。右岸导流明渠截流与三期土石围堰填筑工程量为310.48万立方米，其中水下抛填占填筑总量的85%以上，从明渠封堵到土石围堰具备挡水条件和基坑能够抽水，工期仅有一个多月。上、下游围堰防渗施工也只有一个月时间，要完成高压旋喷墙2.01万平方米和帷幕灌浆0.3万米的工程量。

二是合龙工程量大、强度高。导流明渠截流合龙时段日平均抛投强度近8万立方米，高于葛洲坝大江截流抛投强度。加之左岸为孤岛，上游左侧备料数量有限，只能以右岸单进抛投为主。合龙期间以下戗右堤抛投强度最大，日抛投量达到4.12万立方米。

三是截流水力学指标高、难度大。在截流流量为每秒10300立方米时，明渠截流最大落差达4.11米，截流龙口平均流速为：上戗每秒4.7米，下戗每秒3.91米左右，平均单宽能量大。这次截流水力学指标高于1997年的三峡工程一期截流，也高于葛洲坝大江截流。与国内外同类截流工程相比，三峡右岸导流明渠施工条件较差，连续高强度抛投施工压力大，进占施工中水流条件异常复杂。水文条件的变化也直接制约着戗堤的进占速度和合龙的成功。

四是双戗进占截流，上、下戗堤协调配合要求高。截流采用双戗立堵截流方案，上游双向进占，下游单向从右端进占。按上游戗堤承担三分之二落差、下游戗堤承担三分之一落差控制上、下游进占宽度，双戗进占时配合难度大，加大了截流的施工组织和协调难度。

五是截流准备工作受通航条件制约。导流明渠截流需在进占前进行水下垫底加糙拦石坎施工，上游抛投钢架石笼，下游抛投合金钢网石兜，而且要在确保通航的条件下进行，这势必增大加糙拦石坎水上作业的难度，也会增加安全保障和组织协调工作的难度。

明渠截流期雨洪特征

长江流域降水量的地区分布很不均匀，总体趋势是由东南向西北递减，山区多于平原，迎风坡多于背风坡，中下游平均降水量较上游丰富。

上游地区具有高原、盆地、河谷等复杂地形，降水的时空分布也存在很大差异。长江河源的楚玛尔河站年平均降水量仅253毫米，是全流域年降水量最小的地区，而金山站年降水量高达2590毫米，为全流域之冠。上游大部分地区年降水量在800～1400毫米，年降水量超过2000毫米的多雨区有两个，一个位于四川盆地向高原的过渡地带，另一个位于大巴山南侧万源和巫溪。在青藏高原一带，年降水量低于800毫米，江源地区甚至不足400毫米。

冬季降水量全年最少。上游地区最早3、4月即可进入雨季；6～9月为全年降雨最多时段，其中9月雨带旋回至长江中上游时，多雨区从川西移到川东至汉江，在雅砻江下游、渠江、乌江东部、三峡区间及汉江上游雨量比8月多，显示出秋雨现象，有的年份，这种强度不大而历时较长的秋雨还很明显，易形成秋季洪水。10月，随着夏季风的南撤，雨量已明显减少，50毫米以上月雨量分布在金沙江下游至宜昌区间；11月，50毫米以上雨区范围迅速缩小至乌江流域，此时金沙江以上不足10毫米；12月至次年2月雨量为全年最少，除乌江流域12月达25毫米，长江上游月降水均小于25毫米，金沙江以上几乎无降水。

长江上游的暴雨主要出现在青藏高原以东的盆地及其周边约60万平方千米的地区，按日雨量≥50毫米为暴雨统计，年平均暴雨日数在5天以上的多暴雨区有2处，即川西暴雨区和大巴山暴雨区。暴雨最早出现在3、4月，大部分地区在9月下旬结束，仅乌江、三峡区间、嘉陵江上游结束于10月下旬，个别年份可至11月上旬结束。如1955年11月洪水主要发生在乌江和金沙江，宜昌站11月中旬实测最大日平均流量达24200立方米/秒；1996年11月洪水主要发生在乌江和三峡区间，11月上旬宜昌实测最大流量26600立方米/秒，1944年10～11月洪水则主要发生在嘉陵江和金沙江，宜昌站11月上旬实测最大流量达26500立方米/秒，10月下旬宜昌日平均流量在20000～30000立方米/秒间，持续8天。

据1877年至2000年124年实测流量资料分析，截流期的11月多年平均流量10300立方米/秒。11月上旬历年最大日平均流量排前两位的分别为1996年的26600立方米/秒和1944年的26500立方米/秒；日最大流量超过20000立方米/秒的共有10年，超过15000立方米/秒的49年。11月中旬，历年最大日平均流量排第一位的为1908年的30600立方米/秒，其次为1955年的24200立方米/秒，超过15000立方米/秒的达18年。11月下旬，实测最大日平均流量为1961年的

17500立方米/秒，日最大流量超过10000立方米/秒的达32年。

三峡工程明渠截流设计洪水分析

三峡明渠截流期符合实际的水文条件及特性分析成果，是三峡工程提前截流决策的依据之一。基于固定的设计截流流量和截流期水文气象条件，为截流施工早作准备和安排，当上游来流量符合截流水文条件时，即可实施提前截流，为2003年6月蓄水赢得工期。2002年三峡工程明渠提前截流成功充分证实了这一点。

就一般洪水特性而言，长江上游汛期为5～10月，但其中7、8、9三个月出现年最大流量机会较多，其量级也比6月和10月的洪峰流量大。因此在施工设计洪水分析中，将7、8、9月划为汛期，应用全年最大洪水资料系列计算的坝址设计洪水作为施工洪水；而将6、10月列入非汛期。这样处理更符合汛期水情特点，也有利于施工进度安排。

截流设计流量应根据河流水文特性及施工条件等多方面因素选择，一般可选用截流期5～10年一遇的月或旬平均流量。对于截流时段选在汛后退水期或稳定枯水期时，截流流量重现期可取短一些。对于大型工程的截流设计，多以选取一种流量为主，再考虑较大、较小流量出现的可能性，采用几种流量进行截流水力学计算和模型试验研究。

三峡三期明渠截流具有流量大、落差高、影响因素众多、施工条件复杂等显著特点。截流流量标准选择过高，将大幅度加大截流难度、增加截流工程投资，且存在诸多难以克服的技术难题，截流技术措施难以落实。根据明渠截流时左岸大坝导流底孔分流特点及各级流量截流终落差1∶80水工模型试验成果，当截流流量为14000立方米/秒时，截流（闭气后）终落差将达8.11米，对于此类大流量、高落差、高能量的截流工程，实施难度极大。

2002年9月15日，三峡工程导流底孔开闸放水调试，至9月19日全部22个导流底孔全部开闸分流，当日坝址来水流量11100立方米/秒，导流底孔分流比24.32%，高于原设计的分流能力，也为三峡明渠截流进一步提前增强了信心。

2002年10月中旬，明渠截流开始预进占；2002年10月16日9时，上龙口戗堤口门水面宽率先达到294.9米，表明明渠截流进入到非龙口段；2002年10月27日14时，上龙口戗堤口门水面宽又达到149.7米，标志着明渠截流进入到龙口段；2002年11月6日9时48分，三峡三期明渠截流合龙成功。在截流最紧张时期，尽管上游的来水流量一度上涨，最大达到11600立方米/秒，但仍在分析的水文条件范围内。进入11月份后，流量一直维持在10000立方米/秒以下，截流水文条件较为理想。

三峡导流明渠相关水利工程

导流明渠位于长江的右岸，全长3700米，宽350米，是一条人工开凿出来的长江航运通道。为使长江三峡1997年大江第一次截流后，长江航运不受影响，1994年将三峡大坝右岸大山纵削一半开凿了河道与长江相连，即为导流明渠。历经5年，1997年10月，导流明渠正式通航。

什么是明渠

明渠一般作为明渠水流的简称，其特性有三点：水面一定与大气接触；水位及流量跟随横断面的变化而变化；水流方向由重力决定，由高向低的方向流动。简单地说，明渠水流是底面和侧面为固壁而上表面与大气接触的水流，例如河道、渠道以及横断面未充满的管道中的水流等。因为自由表面上的大气压强以相对压强计为零，所以又称为无压流。

在水利工程中经常遇到这样的流动问题。如开挖溢洪道或者泄洪道需要有一定的输水能力，以宣泄多余的洪水；为饮水灌溉或发电而修建的渠道或无压隧洞，需要确定合理的断面尺寸等等。这些问题的解决都需要掌握明渠水流的运动规律，应用明渠均匀流的水力计算方法。

明渠水流可做如下分类：①根据水力要素（水深、流速等）是否随时间变化，明渠水流分为恒定流和非恒定流。严格意义上的恒定流极为少见，通常把水力要素随时间变化很缓慢的情况近似地作为恒定流处理，以使问题简化，例如渠道的水力设计。对于水力要素随时间变化较快的情况，例如天然河道的洪水过程、当水轮机阀门迅速启闭时在电站引水渠中引起的水流波动、入海河口段受潮汐影响的水流等，则应作为非恒定流（像洪水的水流流量随时间变化的就是非恒定流）。②根据流速是否沿程变化，明渠水流还可分为均匀流与非均匀流。前者流速沿程不变，后者则相反。

有时，河渠中除了有沿其轴线方向的流动——主流（又称一次流）以外，在与轴线正交的横断面上还存在流动，称为副流（或二次流）。例如河道弯段的横断面上靠近水面处横向流速指向凹岸，而临近河底处指向凸岸，这样便形成断面环流。弯段上主流与环流叠加而成为螺旋式前进的水流。这对凹、凸两岸的冲刷和淤积甚为重要。

由于自由表面是可动边界，明渠水流的现象与所涉及的问题比较管流复杂。明渠水流的研究内容包括分析可能发生的各种水流现象、估算输水能力及渠道纵横断面尺寸、确定水位或水深的沿程变化等。合理地选择渠道的纵坡和横断面，以及设计相应的渠系建筑物，对于把灌溉用水从水源引到农田中或者是大江大河的截流都至关重要。

水力发电如何进行

水力发电是利用河流、湖泊等位于高处具有位能（也叫势能）的水流至低处（水位落差），将其中所含的位能转换成水轮机的动能，再借助水轮机为原动力，推动发电机产生电能。利用水力推动水力机械转动，将水能转变为机械能，如果在水轮机上接上另一种机械（发电机），发电机随着水轮机转动便可发出电来，这时机械能又转变为电能。

因而，水力发电在某种意义上讲是水的位能转变成机械能，再转变成电能的过程。因水力发电厂所发出的电力电压较低，要输送给距离较远的用户，就必须将电压经过变压器增高，再由空架输电线路输送到用户集中区的变电所，最后降低为适合家庭用户、工厂用电设备的电压，并由配电线输送到各个工厂及家庭。

惯常水力发电的流程为：河川的水经由拦水设施攫取后，经过压力隧道、压力钢管等水路设施送至电厂，当机组须运转发电时，打开主阀（类似家中水龙头之功能）后开启导翼（实际控制输出力量的小水门）使水冲击水轮机，水轮机转动后带动发电机旋转，发电机加入励磁后，发电机建立电压，并于断路器投入后开始将电力送至电力系统。如果要调整发电机组的出力，可以调整导翼的开度增减水量来达成，发电后的水经由尾水路回到河道，供给下游的用水使用。

在一些水力资源比较丰富而开发程度较低的国家（包括中国），今后在电力建设中将因地制宜地优先发展水电。在水力资源开发利用程度已较高或水力资源贫乏的国家和地区，已有水电站的扩建和改造势在必行，配合核电站建设所兴建的抽水蓄能电站将会增多。在中国除了有重点地建设大型骨干电站外，中、小型水电站由于建设周期短、见效快、对环境影响小，将会进一步受到重视。随着电价体制的改革，可更恰当地体现和评价水力发电的经济效益，有利于吸收投资，加快水电建设。在水电建设前期工作中，新型勘测技术如遥感、遥测、物探以及计算机、计算机辅助设计等将获得发展和普及；对洪水、泥沙、水库移民、环境保护等问题将进行更为妥善的处理；水电站的自动化、远动化等也将进一步完善推广；发展远距离、超高压、超导材料等输电技术，将有利于加速中国西部丰富的水力资源开发，并向东部沿海地区送电。

三峡船闸

三峡双线五级船闸，规模举世无双，是世界上最大的船闸。它全长6.4千米，其中船闸主体部分1.6千米，引航道4.8千米。船闸的水位落差之大，堪称世界之最。三峡大坝坝前正常蓄水位为海拔175米高程，而坝下通航最低水位为62米高程，这就是说，船闸上下落差达113米，船舶通过船闸要翻越40层楼房的高度。三峡船闸已入选中国世界纪录协会世界最大的船闸世界纪录。此前，世界水位落差最大的船闸也只有68米。

船闸是由设有闸门和阀门的闸首、放置船舶的闸室、导引船舶入闸室的上游及下游引航道、为闸室灌水与泄水的输水系统，以及闸门与阀门的启闭机械和控制系统组成。船舶自下游引航道向上游行驶过闸的程序是：利用输水系统使室水位与下游引航道中的水位齐平，打开下闸首闸门，船舶驶入闸室，关闭下闸首闸门，向闸室灌水至水位与上游引航道水位齐平，打开上闸首闸门，船舶驶入上游引航道。船舶自上游引航道驶向下游引航道时，其程序相反操作。

船闸按照所处位置可分为海船闸、河船闸和运河船闸。船闸根据沿船闸轴线方向的闸室数目可分为单级船闸、双级船闸和多级船闸（又称单室船闸、双室船闸和多室船闸），以单级船闸使用最广。船闸级数决定于水头（上、下游水位差）大小。船闸每级水头大小决定于船闸输水系统水力学等条件，以及布置上的要求。三峡船闸水头很高，要采用多级船闸解决水力学问题和更好地适应三峡地形的条件。

三峡五级船闸是世界上规模最大，水头和技术难度最高的多级船闸，它要解决的问题都远远超过了一般的船闸。三峡船闸的建成，表明我国在这方面的技术已达到世界领先水平。五级船闸的总设计水头为113米，分成了五级以后，上下级之间最大水头还有45.2米，这个数字仍大大超过世界上最大一级船闸34.5米的水头，所以为解决船闸的水力学问题需要在输水系统布置方面以及廊道的高程和体形方面、阀门的形式等各个方面采取特殊的不同一般船闸的做法。

船闸根据同一枢纽中布置的船闸数目可分为单线船闸、双线船闸和多线船闸。通常情况下一个枢纽一般只布置一个船闸，即单线船闸。过闸运量较大时，可布置双线船闸或多线船闸，通常待运量增加后再陆续增建。

除普通船闸外，还有一种省水船闸。省水船闸是在船闸闸室的一侧或两侧建有贮水池，暂时贮存闸室泄水时泄出的部分水量，待闸室需要灌水时，再将贮存的水灌入闸室，以节省过闸用水量。省水船闸一般建造在水源不足的地区，目前建造较少，主要为前联邦德国所采用。

世界上光谱观测获取率最高的望远镜——LAMOST

LAMOST天文望远镜

　　LAMOST天文望远镜完全由我国自主创新设计和研制。20世纪90年代初，面临世界天文学的迅猛发展，我国的天文学家们深感责任重大和紧迫。我国著名天文学家王绶琯院士和苏定强院士瞄准国际天文研究中"大规模天文光谱观测严重缺乏"这一突破点，提出了一种"大口径与大视场兼备的天文望远镜"新概念，并对望远镜整体设计有了创新的构想，后来崔向群、褚耀泉、王亚男参与其中进行了细化、论证工作，他们5人共同提出了LAMOST项目——"大天区面积多目标光纤光谱望远镜"方案，并提出建设LAMOST的建议。

LAMOST计划

　　大天区面积多目标光纤光谱天文望远镜，英文缩写为LAMOST，是一架由我国自主创新概念设计的同时具有大视场和大口径的光学望远镜。它在总体概念上的创新和采用的主动光学技术解决了国际上多年大视场望远镜不能同时具有大口径的难题。LAMOST的最大视场为5度，通过焦面上4000根光纤和16台光谱仪，可同时观测4000个天体的光谱，使之成为大视场望远镜的世界之最，也将是世界上光谱获取率最高的望远镜。

　　在国家、中国科学院和全天文学界的关心、支持下，LAMOST于1996年

7月作为国家重大科学工程项目正式启动，国家发展和改革委员会于1997年4月批准项目建议书，于2001年9月正式批准开工建设。该项目投资2.35亿元人民币，建设周期7年。经项目组全体人员艰苦拼搏，努力攻关，历经艰辛，克服了重重困难，于2008年8月底按期完成了全部硬件安装，并进行了试观测，望远镜的各项指标均达到甚至超过设计要求。

2007年5月28日凌晨，当时正处于调试中的LAMOST喜获首条天体光谱，随着调试的进行，随后数天LAMOST获得了越来越多的天体光谱。2007年6月18日晨，LAMOST单次观测获得了超过120颗的天体光谱。2008年9月27日夜，LAMOST在一次观测得到的光谱超过了1000颗，打破了由美国斯隆数字化巡天项目（SDSS）保持的640颗的"世界纪录"，LAMOST正式成为国际上天体光谱获取率最高的天文望远镜，最多一次可以拍下4000颗天体光谱。LAMOST的建成，使我国在大规模天文光谱观测研究工作跃居国际领先地位，为我国在天文学和天体物理学等许多研究领域中取得重大科研成果奠定了基础。

三大核心研究课题

为了充分发挥LAMOST的威力，获得最大的科学回报，天文学家们结合望远镜的功能和特点，为它制定了一系列的观测计划，设计了三大核心研究课题。

第一个核心课题，是研究宇宙和星系。该课题包含两个方面的内容，一个是星系红移巡天。红移是天体谱线的观测波长向长波方向频移的现象。依据哈勃定律，红移可以用来计算天体与地球的距离。结合红移和角度位置的数据，这些观测数据被用来测量宇宙大尺度结构的性质。另一个是通过获取的数据进一步研究星系的物理特性。星系物理是目前国际天文学界相当热门的话题，宇宙的诞生、星系的形成以及恒星和银河系结构等前沿问题都建立在对星系物理的研究基础之上。研究宇宙大尺度结构依赖于星系红移巡天的工作，而获取星系的光谱就能得到星系的红移，有了红移就又可以知道它的距离，有了距离就有了三维分布，这样就可以了解整个宇宙空间的结构。同时可以研究包括星系的形成、演化在内的宇宙大尺度结构和星系物理。

这是一个环环相扣的工程，而获取星系的光谱则是最基础的一环。LAMOST的目标是观测1000万个星系、100万个类星体、外加1000万颗恒星的光谱。LAMOST建成后，由于要比SDSS计划所观测的星系和类星体的数目多10倍，由此可以预计，LAMOST将会以更高精度的方式来确定宇宙的组成和结构，从而使人类对暗能量和暗物质有更加深刻的认识。

第二个核心课题就是研究恒星和银河系的结构特征。主要瞄准更暗的恒星，观测数目更多一些，这样可以更多了解银河系更远处的恒星的分布和运动情况，弄清银河系结构。因为LAMOST能够做大量恒星的样本，所以可以尽量选更多、更暗的星来做大范围的研究。恒星是众多星系的重要组成部分。通过一颗恒星的光谱，天文学家可以分析出其密度、温度等物理条件，可以分析出其元素构成和含量等化学组成，还可以测量出其运动速度和运行轨迹等。研究了不同种类的恒星的分布，可以研究出银河系的结构和银河系的形成。

LAMOST的第三个核心课题是"多波段证认"。天文学界的惯例，在其他波段比如射电、红外、X射线、γ射线发现的天体要拿到光谱中分析。因为光谱理论充分，经验也多，这也造就了其他手段搜集到的有关天体的资料最终还是要通过光谱来确认。作为光谱获取率最高的天文望远镜，LAMOST对光学天文学的意义是不言而喻的。而多波段证认本身也是LAMOST的三大课题之一，通过与其他波段巡天望远镜，如X射线和望远镜相结合，它在许多天文学前沿问题的解决上都能起到相当大的作用。

落户北京天文台兴隆观测站

在河北省兴隆县城的东南方，燕山主峰南麓，长城北侧，有一座挺拔秀美的山峰——连营寨。在海拔960米的山顶上，坐落着当今我国最大的光学天文观测基地——北京天文台（现国家天文台）兴隆观测站。兴隆观测站隶属于国家天文台光学开放实验室，是国家天文台恒星与星系光学天文观测基地，这里天文宁静度好，大气透明度好，每年有240～260个光谱观测夜。

在方圆150亩、景色如诗如画的观测站内，矗立着光学天文望远镜多架：如远东最大的2.16米光学望远镜、1.26米红外望远镜、60/90厘米施密特望远镜和60厘米反光望远镜等。每年都有来自国内外的大批天文学者到此从事研究工作。

2.16米光学望远镜，国产，1989年11月落成。它口径2.16米，身高6米，自重90余吨，曾是国内最大口径的光学天文望远镜，也是亚洲第二、远东最大的光学天文望远镜。目前它主要做天体光度测量和光谱观测。近年来，天文学者使用它的观测资料撰写的文章，发表在国际知名科学杂志上的每年都有30余篇。

60/90厘米施密特望远镜，原东德蔡司工厂生产，1969年落成。自从1995年5月利用它运行小行星巡天计划以来，到目前已发现小行星2694颗，其中已获得正式命名权的有445颗。北京天文台把其中的一些星先后命名为北京大学星、邵逸夫星、金庸星等等。

60厘米反光望远镜，口径60厘米，国产，1969年落成。近年来一直做超新星巡天观测。超新星爆发是宇宙中最激烈的天体物理现象之一，是恒星最猛烈的爆发过程，也是一颗恒星生命的终结。一颗超新星爆发，瞬间释放的能量相当于几百亿万颗百万吨级氢弹爆炸的能量。到目前为止，利用这架望远镜已发现超新星40颗。

如今，兴隆观测站又多了一个成员，它就是LAMOST——世界上光谱观测获取率最高的天文望远镜。

LAMOST的重大意义

LAMOST是一架我国自主创新设计、在技术上非常有挑战性的大型光学望远镜，在多项技术上走在国际前沿，是有望获得世界瞩目科学成就的国家重大科学工程，也是我国口径最大的光学望远镜。

LAMOST还开创了一种新的望远镜类型。LAMOST型施密特望远镜，打破了大视场望远镜不能兼有大口径的瓶颈，被国际上誉为"建造地面高效率的大口径望远镜最好的方案"。

LAMOST项目引起了国内外天文学家的广泛关注，对LAMOST巨大的科学潜能寄予厚望。美国《科学》杂志两次载文介绍。著名的天文科普杂志《天空与望远镜》在2000年第7期上提道："LAMOST是与光谱有关的巡天望远镜，是中国的一台不寻常的望远镜，将建在中国北部长城附近的北京天文台兴隆站。3000万美元的LAMOST有一个不动的4米主镜和5度的视场，一个可变形的镜子将星光引导到固定的主镜上。当LAMOST建成后，将是迄今为止最高产的光谱巡天工具：利用光纤、自动光纤定位装置和20台光谱仪，每次将可得到4000个天体的光谱。"

2005年春夏之交，中国科学院和LAMOST指挥部邀请了多位国际知名的天文仪器专家和天文学家，对LAMOST望远镜的功能和潜在的科学意义进行评估，这其中包括美国帕洛马天文台前台长，美国凯克（Keck）天文台前台长，美国叶凯士（Yerkes）天文台前台长和SDSS项目负责人等。经过仔细的现场考察和与项目成员的深入交流，这些国际知名专家认为："LAMOST将会是一个适合于研究广泛领域中重大天体物理问题的世界级巡天设备。鉴于其集光面积和光纤数目，LAMOST潜在的功能将比SDSS数字巡天高出10到15倍。如果能达到这样高的指标，它将是一个巨大的飞越，并打开了一个广阔的'探索空间'。LAMOST将会有非常好的科学产出，一定能够在河外天文学与银河系天文学方面产生世界级的研究成果。"

LAMOST独特的设计思想也对国际天文望远镜的设计产生了重要影响。2005年6月初，在北京召开的"南极DOME C/A（南极冰盖最高点）大视场巡天望远镜研讨会"上，一些国外天文学家提议在南极建造一台大口径的LAMOST型望远镜。国家天文台LAMOST望远镜与南极LAMOST一南一北，遥相呼应，对整个天区进行完备的深度光谱观测。

随着LAMOST的落成，很多国际研究项目和天文学家都对其表示出了极大的兴趣和热情，希望能够共同参与LAMOST的巡天观测和科学研究。这其中就包括美国的SDSS，欧洲的GAIA（一项全球太空天体测量学任务），英国剑桥大学的天文学家们等等。当然，对于中国的天文学家和关心天文学的朋友来说，LAMOST的落成也无疑将会是一个令之兴奋很多年的硕果。

崔向群——丹心鉴苍穹

崔向群，女，1951年生，天文仪器专家，研究员，博士生导师。1975年毕业于南京理工大学光学仪器专业，后获中国科学院硕士、博士学位。

回国挑战世界难题

LAMOST项目从立项至竣工验收，一路披荆斩棘，从技术攻关到工程建设，包括组织管理，遇到了各种困难。曾经有国外同行说："LAMOST太难了，做不出来。"国内也是质疑声不断。

1993年，在德国欧洲南方天文台工作的崔向群收到导师苏定强院士的来信，希望她回国参加大视场光谱巡天望远镜项目（LAMOST项目初期的名称）。1995年，美国《科学》杂志采访并报道了崔向群从欧洲南方天文台回国参加LAMOST一事，报道中引用了崔向群这样一句话："我很高兴回国，这架望远镜将使中国为世界作出贡献。"

回国前，崔向群一家人都在国外，有稳定的生活和工作。她的孩子已快小学毕业，她的事业也正处于如日中天的阶段，只要保持这种状态，就能一帆风顺。可是，回国之后，孩子很可能不适应国内的教育环境，她的事业也会变得前途未卜。因为LAMOST旨在解决天文望远镜设计上大口径与大视场不可兼得的矛盾，这是半个世纪来全世界都没有解决好的难题，能否付诸实施还未知，也有可能做不出来……然而，尽管有这么大的风险，崔向群还是婉谢了所有的挽留，于1994年初义无反顾地携全家回国，加入LAMOST的工作。

15年磨一镜

崔向群刚回国时，苏定强院士跟她说："搞LAMOST这样的大项目需要敢死队，参加LAMOST就是参加敢死队，而你崔向群就是敢死队队长。"这是因为LAMOST项目是我国在总体概念上自主创新，世界上独一无二、创新点最多、技术挑战最大的国家重大科学工程，解决这些技术挑战才能做出令国际科学界瞩目的新类型望远镜。

身兼所长和LAMOST总工程师的崔向群工作非常繁重，不出差的日子，她办公室的灯总是亮到最晚，发给有关人员的电子邮件中许多都是她在凌晨以后发送的；不少时候为了赶写报告，她只能通宵达旦地工作。她在国家天文台兴隆观测基地LAMOST装调现场指挥装调，一待就是几个月。

1998年到2003年是LAMOST研制过程中最困难的时期，有的人觉得太难而出现了畏惧心理，有的人选择中途离开了。崔向群没有临阵退缩，她自从决定回国那天起就没有给自己留退路。在崔向群的带领下，南京天文光学技术研究所（简称天光所）全所历经了无数的艰难险阻，攻克了一个又一个的技术难关：2004年12月，主动光学的开环控制取得成功；2008年8月底，LAMOST全部硬件安装到位；10月，LAMOST项目胜利落成；2009年6月，通过国家竣工验收。

"大口径、大视场"的完美组合，再加上一次能获得4000条天体光谱的高效率，让LAMOST——这架花费了崔向群15年心血的天文望远镜，成为集天文学家诸多梦想于一身的"宠儿"。

给南极装上中国"天眼"

星星为什么会"眨眼睛"？那是因为大气在抖动。南极大气的抖动概率是最小的。此外，南极进入极夜的时候，没有光干扰，大气中尘埃也很少，光学望远镜可以捕捉宇宙最细微的变化。所以，南极是地球上最好的、最理想的天文观测台址，在南极安装LAMOST望远镜，将能最大限度发挥它的优势。

崔向群以其科学家的敏感，抓住我国南极科考队首先到达海拔4093米的南极内陆最高点冰穹A的契机，与中国科学院紫金山天文台研究员王力帆一起，于2005年共同发起南极冰穹A天文观测和天文望远镜研制的建议。2006年12月，中国南极天文中心在紫金山天文台正式成立，崔向群兼任南极天文中心副主任，负责南极望远镜主体的研制。他们历时10个月就研制完成4台14.5厘米口径南极光学望远镜。这4台望远镜组成"中国之星"小望远镜阵（CSTAR），在南极成功连续观测了315天，记录和传回了大量南极点附近天区的星图，发现了一批具有重要研究价值的天象——变星，并获得了重要的天文台址信息。

LAMOST如何享有"光谱之王"美誉

如今，LAMOST的工作将进一步扩展，暗物质、暗能量等"盲区"，它也能"触及"，人类对于宇宙的认识将有望更"透彻"。和我们常见的望远镜不同，有"光谱之王"美誉的LAMOST天文望远镜可以同时为4000个天体进行"户口普查"，在技术参数上雄居世界第一。

六大子系统

LAMOST工程主要包括六大子系统：光学系统、主动光学和镜面支撑系统、机架与跟踪装置、望远镜控制系统、焦面仪器和望远镜圆顶结构。

一、光学系统

LAMOST望远镜光学系统由在南端的球面主镜MB、在北端的反射施密特改正镜MA构成，焦面在中间。两镜分别是由37块和24块子镜拼接而成的两块大口径反射镜。系统在大视场内有优良的成像质量。MA作为定天镜跟踪天体的运动，望远镜在天体中天前后进行观测。其光轴南高北低，以适应台址纬度，扩大观测天区。在整个系统中还包括近1万只各种电机和促动器定位器，1千多个各种传感器，以及控制各部分硬件的大量软件系统、观测控制系统和数据处理系统。

反射施密特改正镜MA既用于将星光反射向固定的球面主镜，又用于校正主镜的球差，同时还要校正重力变形。反射施密特改正镜（5.72米×4.4米）由24块对角线1.1米的六角形可变形子镜拼接成，在国际上首次同时采用了薄镜面（可变形镜面）主动光学技术和拼接镜面主动光学技术。在对天体的观测中，施密特改正镜的24块六角形子镜每一块实时精确变形，同时24块子镜精确拼接产生出高精度的非球面，以实时校正望远镜主镜的球面像差。

球面主镜MB是将施密特改正镜反射的星光成像至焦面。球面主镜（6.67

米×6.05米）由37块对角线1.1米的六角形子镜拼接成，采用了拼接镜面主动光学技术。在对天体的观测中始终保持37块子镜精确共焦。球面主镜MB和反射施密特改正镜MA是LAMOST望远镜的最核心部件。

二、主动光学和镜面支撑系统

为了改正球面主镜MB的球差等，观测时需要实时变化改正镜MA的非球面面形。主动光学和镜面支撑系统通过结合薄镜面和拼接镜面主动光学技术使24块薄平面子镜按要求变形，并使各子镜共焦。同时，通过拼接镜面主动光学技术使球面主镜 MB的37块球面子镜共焦。这是LAMOST项目的主要技术创新点和关键技术。

LAMOST系统在世界上首次应用了在同一块大镜面上同时应用薄镜面主动光学技术和拼接镜面主动光学技术，还首次在一个光学系统中同时采用了两块大的拼接镜面。球面主镜的拼接是项目关键技术的重要组成部分，也是使项目造价大为降低的关键因素之一。

三、机架与跟踪系统

LAMOST是一架准中星仪式的望远镜，由于它的球面主镜MB是固定的，对天体的指向跟踪运动完全由MA担任。MA采用地平式机架，其指向和跟踪由方位和高度两个方向旋转实现。观测主要在子午面附近进行。整个跟踪运动过程较缓慢且运动速度变化较少。采用静压轴承，方位用摩擦驱动，高度用粗、细两套驱动系统并用带状码盘测角。相应地焦面也要旋转，需有像场旋转补偿机构。另外还有调焦机构等。

四、望远镜控制系统

望远镜控制系统包括超低速、高精度的跟踪指向控制（其中有MA的高度角和方位角驱动，以及焦面板的像场旋转），上千个力促动器实时控制（要求响应快、精度高），实时准确的故障诊断和实时的环境监测和报警等。本控制系统的设计采用当代控制理论和技术，具有分布性、实时性、可靠性和扩展性。

五、焦面仪器

望远镜收集来自天体的微弱辐射，成像在焦面上，然后通过焦面仪器进行分光、探测和记录。焦面仪器是LAMOST直接获取天体光谱信息的部分，包括光纤定位装置、光纤、光谱仪和探测器等几个主要部分。

LAMOST焦面直径1.75米，与我们吃饭用的圆桌大小相仿，定位系统可在数分钟的时间里将焦面上的4000根光纤按星表位置精确定位，并提供光纤位置的微调。4000个光纤定位单元在焦面上以25.6毫米等距离排列，每个单元驱动光纤在直径33毫米的范围内工作。LAMOST定位系统的优势是通过4000个定位单元并行工作，大大缩短了定位时间，同时也避免了SDSS那样每次观测都需要更换光纤铝板的麻烦。

在一个餐桌大小的焦面板上8000个电机带动4000个光纤定位单元转动，想象一下，也是一个震撼人心的场景。

六、望远镜圆顶结构

由于LAMOST的创新特点，其望远镜建筑不同于一般天文望远镜的圆顶。它由MA楼、MB楼和焦面仪器楼三部分组成。MA的圆顶围挡为一带球冠的圆柱形，上部可向东西移开。焦面到MB围挡为一卧式长通道，开有百叶窗。观测时圆顶应减少风对MA的影响，并使光路中温度均匀，不恶化自然的大气视宁度。

解析光学望远镜的结构

光学望远镜，简单地说是使用人眼可见光形成恒星和星系的像的望远镜。光学望远镜分为折射式望远镜、反射式望远镜、施密特望远镜（折反射式望远镜）。19世纪初期，折射式望远镜还是天文学界的主流，当时研究的重点在天体测量，邻近恒星的位置测定。随着时代的演变，天文学家开始探索到银河系以外的星系，研究整个宇宙的结构，巨无霸的大型反射望远镜便取代了折射式望远镜的地位。而施密特望远镜更拍摄到许多深远微暗的天体照片，让天文学家能按图索骥地去研究探索数10亿光年之遥的宇宙深处。所以，20世纪是反射式望远镜与施密特望远镜的时代，而21世纪更将是无线电电波望远镜的时代。

折射式望远镜是17世纪初由科学家伽利略发明，是最早出现的望远镜。当时的折射镜十分简单，镜筒上端是单片凸透镜片，另一端焦点位置则用一片凹透镜片作为目镜把成像放大，所以成像出现很大色差，对于成像的清晰度影响极大，直至后期消色差物镜被发明，望远的质素才大为改善。消色差物镜基本上由两片不同折射率的玻璃透镜组成，达到消除色差效果。目前，技术水平较高的厂家以传统标准光学玻璃制造的消色差物镜已达到颇为理想的效果。

折射镜出现后约半个世纪（1668年），科学家牛顿发明了反射镜，所以反射式望远镜一直以牛顿式反射镜称呼。当时牛顿认为折射镜的透镜做成色差，影响成像的清晰度，所以发明了反射镜，因为反射镜不会出现色差现象。牛顿式反射镜是由一块凹反射主镜及一块平面副镜组成，平面副镜放置在镜筒前端成45度角，光线进入镜筒后，经主镜反射回前端的副镜再屈折90度至镜筒外侧聚焦成像，再经目镜放大。所以牛顿式反射镜是在镜筒上端外侧观看。牛顿当年的反射镜采用铜材料制成主镜，后来才发展到采用玻璃并披上金属银作反射膜，现今的主镜和副镜都是镀上铝金属膜和加上保护膜，望远镜可使用很长时间而无须重镀反射膜。

折反射式望远镜是20世纪才发明的望远镜，这类望远镜有两类形式，一类是施密特式，另一类是马克斯托夫式。但大多数厂制望远镜都以施密特式为主，原因是施密特式的矫正透镜较易生产大口径，如文中提到的LAMOST望远镜。

施密特式望远镜由反射主镜、副镜，及矫正透镜三部分组成。镜筒前端的矫正透镜看似平面镜，但实际是高技术磨制的一片呈波浪形微凹透镜。反射主镜中心则开有一圈孔，以便光线经副镜反射后穿过主镜在镜后聚焦。由于光线在折反射镜内来回反射及由副镜延长焦距的作用，所以折反射镜即使口径较大，镜筒设计也可以很短，望远镜仍可以便于携带，这是折反射镜的最大优点。

世界最大钢结构穹顶
——国家大剧院

最高艺术表演场所简介

　　国家大剧院是我国的最高艺术表演场所。早在20世纪50年代，我国政府在对北京长安街的规划里就设想了国家大剧院的建设。但由于受当时经济条件限制，这一工程未能实施。1958年开始，文化部就下设了国家大剧院筹备委员会，虽然国家大剧院最早从"建国十大建筑"中下马，但国家大剧院筹委会一直在文化部。到了1987年，相关领导人为国家大剧院工程重新上马第一次召集开会，但因为某些原因，工程当时没能上马。第二次重新上马是在90年代末，这一次，国家大剧院的建设被正式确定下来。

落成后的国家大剧院

　　国家大剧院位于北京人民大会堂西侧，西长安街以南，占地面积11.9公顷，总建筑面积15万平方米，其中主体建筑10.5万平方米，地下附属设施6万平方米，总投资额31亿元人民币。在东西向长轴跨度212.2米、南北向短轴跨度143.64米、高度为46.285米的椭球形穹顶下，建造有歌剧院、音乐厅和戏剧院三栋建筑。椭球形屋面主要采用钛金属板饰面，中部为渐开式玻璃幕墙，整个穹顶的面积为3万多平方米，约是上海大剧院屋顶面积的3倍。

　　国家大剧院的主体建筑由外部围护钢结构壳体和内部2416个座席的歌剧院、2017个座席的音乐厅、1040个座席的戏剧院、公共大厅及配套用房组成。外部围护钢结构壳体呈半椭球形,壳体外环绕人工湖,各种通道和入口都设在水面下。表面上看来,国家大剧院比人民大会堂略低3.3米。但其实际高度要比人民大会堂高很多,因为国家大剧院60%的建筑在地下,其地下的高度有10层楼那么高(最深部分达到-32.5米)。国家大剧院工程于2001年12月13日开工,2007年9月建成。

国家大剧院概貌

国家大剧院主体建筑由外部围护结构和内部歌剧院、音乐厅、一二戏剧院和公共大厅及配套用房组成。在地面层坐落着三幢建筑:歌剧院、音乐厅和剧场,它们由道路区分开,彼此以悬空走道相连,恍若在水面上的地面建筑是一个巨型壳体,覆盖、庇护、包围和照亮着所有的大厅和通道。建筑物在水面中的倒影构成了大剧院的外部景观。

国家大剧院主体建筑外环绕人工湖,人工湖四周为大片绿地组成的文化休闲广场。人工湖面积达35500平方米,湖水深为40厘米,整个水池分为22格,分格设计既便于检修,又能够节约用水,还有利于安全。每一格相对独立,但外观上保持了整体一致性。为了保证水池里的水"冬天不结冰,夏天不长藻",人工湖采用了一套称作"中央液态冷热源环境系统控制"的水循环系统。

国家大剧院结构由三个功能区组成。北入口、地下车库;功能区包括歌剧院、戏剧院、音乐厅等;南入口、餐厅、机房等服务区。

国家大剧院北侧主入口为80米长的"水下长廊",南侧入口和其他通道也均设在水下。观众进入国家大剧院时会发现他们的头顶之上是一片浅浅的水面。在入口处设有售票厅,"水下长廊"的两边设有艺术展示、艺术品商店等服务场所。国家大剧院北入口与北京地铁1号线天安门西站相连,并有能容纳1000辆机动车和1500辆自行车的地下停车场。大剧院从长安街后退了70米,空出70米全部变成绿地。

国家大剧院内公共大厅的地板铺着20多种颜色不一、花纹各异的名贵石材,公共大厅天花板由名贵木材拼贴成一片片"桅帆",木质的红色深浅不一、明暗相间。来自法国的著名画家阿兰·博尼用超过20种不同的红色点染大剧院的各个部分。整个大剧院的墙面丝绸铺设面积达到4000平方米。

国家大剧院共有五个排练厅，位于三个剧场之间，可以共用也可以分别使用。一个大排练厅主要用于合成排练；两个中排练厅一个主要用于舞蹈排练，一个用于乐队排练；两个小排练厅主要用于分部排练。国家大剧院设有集中音像制作中心，有大录音棚一间、同期录音演播室一间，以及电视转播机房和音像后期制作室。国家大剧院设有一间大绘景间，设置布景吊挂和绘景设备，还设有布景、道具整修间和布景仓库，以及为集装箱运输用的升降平台2台。

低票价打造"人民的大剧院"

让普通市民百姓也能走进国家大剧院，享受到世界一流的设施，是建设国家大剧院的初衷，因此，国家大剧院采取低价位原则。根据剧院的大小，国家大剧院将针对不同场次的演出制定立体化的票价，大力推出亲民票和平价票，让更多普通市民走进国家大剧院。根据这一票价制定原则，绝大多数剧目的票价都低于北京市场同类项目在其他场馆的演出价格，最低的票价只有30元。

为了方便公众购票，国家大剧院采用了先进的售票系统，使社会公众可以通过国家大剧院的网站、呼叫中心及分销票点三种渠道方便购票。

国家大剧院在坚持低票价的同时，还将在演出季揭幕的同时启动艺术教育普及工程。在此期间将策划一系列精彩纷呈的艺术普及活动和公益演出，让艺术走进普通民众，让艺术丰富百姓生活。

公益性的国家大剧院不能"一切向钱看"，不然结果就是高票价。与国际上类似水平的剧院比较来看，以法国巴黎歌剧院的相关情况与我国最为接近，也是公益性非营利机构，政府资金扶持高达歌剧院支出的66%到70%，200法郎以下的票价供不应求。因此，结合我国实际初步测算，在开业的前3年，国家大剧院资金来源的80%左右要靠政府补贴。

"巨蛋"揭壳

国家大剧院内有四个剧场，中间为歌剧院、东侧为音乐厅、西侧为戏剧场，南门西侧是小剧场，四个剧场既完全独立又可通过空中走廊相互连通。另外其内部还有许多与剧院相配套的设施。其中，歌剧院舞台设备是国内最好的，也是世界上最好的之一：它的特点一个是大，舞台的台面很大；一个是功能全，歌剧院的四个舞台——一个主舞台，两个侧台，一个后台都可以"升降推拉转"。如果说歌剧院是世界上最先进的之一，那么戏剧场就是世界上最先进的了。这个"最先进"就体现在它的变化形式特别多。

歌剧院

歌剧院是国家大剧院内最宏伟的建筑，以华丽辉煌的金色为主色调。歌剧院主要上演歌剧、舞剧等，如芭蕾舞及大型文艺演出。歌剧院的观众厅设有池座一层和楼座三层，有观众席2091席（不包括乐池）。歌剧院有具备推、拉、升、降、转功能的先进舞台、可倾斜的芭蕾舞台板、可容纳三管乐队的升降乐池。

歌剧院舞台采用"品"字形舞台形式，由一个主台、两个侧台和一个后台构成，舞台可迅速地切换布景。其中，主舞台有6个升降台，既可整体升降又可分别单独升降。舞台的左、右侧台各有6台可以横向移动的车台，通过主舞台升降台互换位置，可以迁换场景。后舞台下方距地面15米处，储存有一个芭蕾舞台台板，主舞台升降台下降后，芭蕾舞台可移动到主舞台台面上，用于芭蕾舞演出。台面用的是俄勒冈木，并用三层结构来增加弹性，保护了芭蕾舞演员的足尖。这也是国内面积最大的无缝隙专用芭蕾舞台板，台面可倾斜至5.7度。由于穹顶高度的限制，舞台和部分观众席位于地下。舞台上方栅顶高度为32米。吊杆、灯光桥、灯光渡桥通过钢丝绳悬挂在空中。61道电动吊杆，78台轨道单点吊机，24台自由单点吊机，灯光桥、灯光渡桥、灯光吊架将1588盏用于演出的灯具点缀在歌剧院舞台的上方，灯光反应快，可以在几秒钟内变换造型。舞台顶部还设置了60多道吊杆和幕布，可以制造不同的演出场景。

乐池面积为120平方米，可容纳90人的三管编制乐队，也可升至观众席水平位置变成观众席。在乐池中，还特别为指挥设计了专用升降台，指挥可以以这种特别的方式出场、谢幕。

歌剧院在墙面上安装了弧形的金属网，声音可以透过去，金属网后面的墙是多边形，这样形成视觉的弧形和听觉空间的多边形，做到了建筑声学和剧场美学的完美结合，其混响时间为1.6秒，符合歌剧及舞剧等的演出要求。

歌剧院设有6个单人化妆套间，6个单、双人化妆间，18个中化妆间，2个乐队指挥休息套间，6个乐队用大化妆间，8间练习琴房。

音乐厅

国家大剧院音乐厅位于歌剧院东侧，以演出大型交响乐、民族乐为主，兼顾其他形式的音乐演出。

音乐厅的观众席围绕在舞台四周，设有池座一层和楼座二层，共有观众席1859个（包括合唱区）。演奏台设在观众厅一侧，宽24米、深15米，能容120人的乐队演奏。演奏台设有3个升降台，在演奏台前部设有钢琴升降台。四周围的数码墙有如站立起来的钢琴琴键，其凹凸的尺寸和形状是由数论精确计算得出，使声音均匀、柔和地扩散反射。在演奏台后设有可供180人合唱队使用的观众席合唱区。

安放于音乐厅的管风琴是目前国内最大的管风琴，有94音栓，发声管达6500根之多。出自德国管风琴制造世家——约翰尼斯·克莱斯，与著名的德国科隆大教堂管风琴系出同门，能满足各种不同流派作品演出的需要。

音乐厅的天花板，形状不规则的白色浮雕像一片起伏的沙丘，又似海浪冲刷的海滩，有利于声音的扩散。为了达到声效的完美，在顶棚的下面还悬挂了一面龟背形状的集中式反声板，它的作用是将声音向四面八方散射。

音乐厅的顶部、墙壁、地面、舞台、座席与管风琴的色调搭配和谐优美，处处传递着音乐殿堂的非凡气质，其混响时间为2.2秒，实现了建筑美学和声学美学的完美结合。

音乐厅设有2个乐队指挥休息套间，2个单人化妆套间，4个单人化妆间，6个中化妆间，7个乐队、合唱队用大化妆间，10间练习琴房和1间管风琴练习琴房。

戏剧场

戏剧场是国家大剧院最具民族特色的剧场，营造出颇具中国特色的剧场氛围。戏剧场主要供戏曲（包括京剧和各种地方戏曲）、话剧及民族歌舞使用。观众厅设有池座一层和楼座三层，共有观众席957个（不包括乐池）。

戏剧场拥有世界上最为先进的戏剧舞台，舞台采用由镜框式舞台到伸缩式舞台的可变化形式，设有主舞台、左、右辅台和后舞台。主舞台设置的"鼓筒式"转台，由13个升降块、2个升降台组成，既可整体升降又可分别单独升降，这种形式的"鼓筒式"转台在世界上是唯一的，可以达到边升降边旋转的舞台效果。独特地伸出式台唇设计非常符合中国传统戏剧表演的特点。

戏剧场设有5个单人化妆套间，8个中化妆间和3个大化妆间，1个乐队指挥休息套间，3个乐队用大化妆间，还设有4间练习琴房。

此外，观众席的每个座椅下都会有空调送气孔。观众在观看演出时，感受不到气流的存在，却能享受到空调带来的舒适。而且下送风设计调节的是地面以上两米高度内的空气温度，与传统中央空调调节整个剧场温度相比，不仅大大节约了能源，还不会产生中央空调的那种噪音。此外，座椅安有消声装置，即使观众中途离席折叠收椅，也不会发出声音。

国家大剧院六大工程亮点

6750吨钢梁架起最大穹顶

国家大剧院壳体结构由一根根弧形钢梁组成，这个巨大的钢铁天穹几乎可以将北京工人体育场全部罩住。令人惊奇的是，如此巨大的钢架结构中间居然没有用一根柱子支撑。重达6750吨的钢结构要完全依靠自身的力学结构体系来保证安全稳定。

绝版石材装修地面

大剧院共使用20多种天然石材，分别来自国内十余个省市。有来自承德的"蓝钻"、山西的"夜玫瑰"、湖北的"满天星"、贵州的"海贝花"……其中很多都是稀有品种，如产自河南的"绿金花"已是绝版石材。

地下有10层楼深

国家大剧院高46米，但地下深度有10层楼那么高。大剧院60%的建筑面积都在地下，最深达到32.5米，是目前北京地区公共建筑最深的地下工程。为了防止地面沉降，工程技术人员用混凝土从地下水最高水位直到地下60米黏土层，浇筑了一道地下隔水墙。这个由地下混凝土墙体形成的巨大"水桶"，可以将大剧院地基围得严严实实。

舞台和观众厅之间设防火幕

大剧院几乎囊括了所有种类的消防系统。有高灵敏度的自动报警、自动喷淋和自动雨淋、气体灭火系统等各种消防设施。具有火焰探测功能的"双波段火灾探测器"。舞台是火灾事故多发地，为此大剧院在舞台和观众厅之间设有防火幕。遇到火灾，防火幕会自动下降，将舞台和观众席完全隔离，不让火势蔓延到观众席上。大剧院壳体上方设有机械排烟窗，公共大厅设有自动排烟窗，能及时把烟雾排放到室外。

纳米外壳不留水渍

国家大剧院的建筑"皮肤"采用玻璃和钛金属板饰面，在壳体外设置有喷淋系统。壳体外的玻璃是防弹的，外层还涂有一层纳米材料，当雨水落到玻璃面上时就像水滴落在荷叶上一样，不会留下水渍。同时，纳米技术还大大降低了灰尘的附着力。

人工湖水四季恒温

国家大剧院四周绕着一圈碧波荡漾的人工湖，为了保持碧波长存，让水池里的水"冬天不结冰，夏天不长藻"，特地设计了一个封闭的循环系统，封闭抽取四季恒温的地下水，使湖面水和地下水进行热交换，始终将露天人工湖的水温控制在零上几摄氏度。

超椭球形钛金属壳体

国家大剧院独特的超椭球形钢结构壳体——目前世界上最大的穹顶，整个壳体钢结构重达6750吨，东西向长轴跨度212.2米，壳体表面由钛金属板和超白透明玻璃共同组成，两种材质的巧妙拼接呈现出唯美的曲线，营造了舞台帷幕徐徐拉开的视觉效果。壳体外围被水色荡漾的人工湖环绕，湖水如同一面清澈见底的镜子，波光与倒影交相辉映，共同托起这个巨大而晶莹的建筑。

抗打击的凸面壳体结构

国家大剧院的钢结构超椭球体壳为一个超大空间凸面壳体，壳体是经过精确数字计算得出的系数为2.24的超级椭球，它集建筑、材料、设备等高科技于一身，其外围护装饰板面积约3.6万平方米。巨大的壳体是建筑与结构的融合体，墙面与顶面浑然一体没有界限。整个钢壳体由顶环梁、钢架构成骨架，弧形钢架呈放射状分布，钢架之间由连杆、斜撑连接，壳体钢架从外观看似是落在水中，实则下部是支撑在3米宽、2米多高的巨大混凝土圈梁上。

壳体用于建筑结构虽为时较早，但工程界开始研究、分析、试验已是19世纪，到20世纪初，壳体结构的发展一直缓慢，主要原因是计算极繁，在第二次世界大战期间及战后壳体结构发展才迅速起来。

壳结构的优点是具有很好的空间传力性能，这用一个简单的实验就能够说明：取两只蛋壳，一只凸面向上，一只凹面向上，用两支削得不太尖的铅笔，从10厘米高处向蛋壳落去。如果单凭想象，会觉得应该是凸面向上的蛋壳会被击碎，但结果表明，铅笔与凸面向上的蛋壳撞击了一下，蛋壳并未被击碎，而凹面向上的蛋壳却被击破了。据实验可知经受外来冲力的最佳形状是球形等凸曲面，这是由于凸曲面能将受到的外加压力沿着曲面分布开来，并且每一处的受力比较均匀，这就让半球形拥有很大的刚度。

这证明壳体结构能以较小的构件厚度形成承载能力高、刚度大的承重结构，能覆盖或围护大跨度的空间而不需中间支柱，能兼承重结构和围护结构的双重作用，从而节约结构材料。室内空间宽敞，能满足各功能要求，故其应用极广，如会堂、市场、食堂、剧场、体育馆、飞机库等。

壳体结构可做成各种形状，以适应工程造型的需要，因而广泛应用于工程结构中，如大跨度建筑物顶盖、中小跨度屋面板、工程结构与衬砌、各种工业用管道压力容器与冷却塔、反应堆安全壳、无线电塔、贮液罐等。工程结构中采用的壳体多由钢筋混凝土做成，也可用钢、木、石、砖或玻璃钢做成。壳体结构虽逐渐增多，但其应用仍受到一定限制，因为壳体的建造需要大量的模板，制作和施工复杂。

钛为何享有"太空金属"之称？

国家大剧院的建筑"皮肤"采用玻璃和钛金属板饰面，这让人好奇，为什么采用钛金属呢？它又是一种什么样的金属呢？

经历了铜、铁、铝之后，第四种将被广泛应用的金属元素将会是哪一种？答案是钛。熔点高、硬度大、可塑性强、密度小、耐腐蚀等优点，使金属钛及其化合物自20世纪40年代以后被广泛应用于飞机、火箭、导弹、人造卫星、宇宙飞船、舰艇、军工、医疗以及石油化工等众多领域。21世纪，金属钛将是冶金工业最重要产品之一。

近年来，随着航空工业的发展，飞机的飞行速度越来越快，与飞机表面相接触的一层空气，由于摩擦生热而使飞机表面的速度越升越高。这时候，铝镁合金就吃不消了，强度将迅速降低。事实证明，允许最高工作温度仅200℃左右的铝合金，根本不能用来制造飞行速度超过音速两倍半的喷气式飞机，而用耐热的不锈钢来制造又太笨重。那究竟用什么材料呢？唯一的选择就是钛及钛合金。一般来说，飞行速度超过2~3倍音速的飞机，就要用钛合金来制造，其他的金属很难胜任。那么，钛究竟有哪些特性呢？

钛是一种很特别的金属，外形很像钢铁，但质地却非常轻盈，密度仅仅是金属铁的一半，但是强度却和钢铁差不多。钛的熔点与铂金相差不多，为1675℃，钛既耐高温又耐低温。在253~500℃这样宽的温度范围内都能保持高强度和机械性能不变。这些优点正是太空金属所必备的。钛的耐腐蚀性能很强，在常温下，钛可以安然无恙地"躺"在各种强酸、强碱中。强腐蚀剂——"王水"是化学上最强的酸，能够吞噬白银、黄金，把号称"不锈"的不锈钢侵蚀，变得锈迹斑驳，面目全非。然而，"王水"对钛却无可奈何。在"王水"中浸泡了几年的钛，依然会光彩如初。钛合金无可置疑地变成了制作火箭发动机壳体及人造卫星、宇宙飞船的上好材料。因此，钛享有"太空金属"之称。

世界最长高速公路隧道
——秦岭终南山双洞隧道

世界各国公路发展概况

目前，全世界已有80多个国家和地区拥有高速公路，通车总里程超过23万千米，其中拥有1000千米以上的国家和地区有17个。高速公路的产生和发展，改变了世界交通运输的宏观格局，进一步显示公路运输便捷灵活、速度快、"门到门"的优势，带来了巨大的经济和社会效益，有力地促进了世界各国经济的发展。

德国建造世界上第一条高速公路

世界上最早正式修建高速公路的国家是德国。1932年，德国建成通车的波恩至科隆高速公路，是世界上第一条高速公路。从1933年开始，为解决1929年世界经济危机造成的失业救济这一严峻的社会问题，德国着手制定建设以柏林为中心，通往各边境的辐射式道路以及与之连接的环形道路，总计7500千米的庞大高速公路网建设计划。但由于战争，工程被迫中断，只完成3895千米。

从1950年起，随着经济的高速发展，德国高速公路建设也进入了一个新的历史阶段。当时的西德按1959年到1970年公路建设12年发展计划，要修建3000千米高速公路和12000千米的联邦道路。到1970年，总计完成4500千米的高速公路。随着经济的发展和收入的增加，旅游交通兴旺起来，这又进一步促进了德国高速公路网的发展。从1971年开始的公路建设15年发展计划，建设重点转向交通不便的经济落后地区，和旨在加强与欧共体（欧盟的前身）联系、改善国际交通的边境地区。

美法加速跟进

美国拥有世界上最长里程的高速公路，被人戏称为"汽车轮胎上的国家"。20世纪初，美国的汽车保有量急剧增长，并很快进入了"汽车化社会"。美国正式开始高速公路建设是在1939年。同年，经议会讨论，制定了称作"德怀特·艾森豪威尔洲际和国防公路系统"的高速公路建设计划。在此基础上，1944年由议会审议通过了修建65600千米（后改为68000千米）的洲际公路网发展计划，全国形成一个纵横贯通、城市覆盖率达90%以上的高速公路网。其中纽约至洛杉矶高速公路全长4156千米，其长度曾经为世界之冠。进入1960年以后，随着产业活动的展开，影响到各项经济活动的高速公路被提到重要位置。在这一历史背景下，以连通和改善洲际交通干线为重点的洲际高速公路建设取得真正的进展。目前，美国已完成以洲际高速公路为核心，总长度居世界首位（88000千米）的高速公路网。

美国的高速公路计划，顾名思义，这个系统和美国前总统艾森豪威尔有关，和国防也有关。1919年的时候，29岁的陆军中校艾森豪威尔在美国坦克部队工作，他随部队从东海岸开到西海岸，在土路和破桥上辛苦颠簸，行军用了两个月之久。第二次世界大战的后期，艾森豪威尔是美国军队在欧洲的总司令，他看见希特勒统治下修建的德国高速公路，决心依样办理。所以，后来美国的高速公路简直就是德国高速公路的翻版。

艾森豪威尔后来当上了美国总统。1956年，在他推动下，洲际公路网开始兴建，目标是把美国的主要城市都用"超级公路"连接起来。那时规划的洲际公路网打算1975年完成。后来里程总数有所增加，完成的时间也推迟了，但基本上是按照当初的规划执行的。

从20世纪50年代中期开始，美国修建了8.8万千米的高速公路，约占世界高速公路总里程的三分之一，连接了所有5万人以上的城市。其中54条共计6.44万千米的洲际高速公路形成了横贯东西、纵贯南北的美国公路主骨架，是美国人驾车出行的主要通道。对美国经济发展形成了强大的推动力。

法国的高速公路建设是以1942年巴黎西线高速公路的建成通车为开端。起初发展速度较慢，到1962年，全国高速公路总里程也只有200千米左右，而且初期修建的高速公路都是在巴黎周边地区。此后为缓解和改善交通拥挤及过分集中的问题，开始修建连接主要港湾与内陆及主要地区的高速公路。为加快建设速度，采取了以大量吸收民间投资为主的建设计划，有力地推动了高速公路的建设。

中国第一条高速公路

1978年，台湾第一条高速公路——中山高速公路通车，北起基隆、南到高雄凤山，全长373千米，让当地民众享受到高速公路的便利性。

1988年修建的上海沪嘉高速公路是中国大陆第一条高速公路。它南起上海市区祁连山路，北至嘉定南门，长15.9千米，加上两端入城道路，全长20.5千米，宽45米，4车道，设计时速为120千米，1984年12月21日动工兴建，1988年10月31日全线通车，总投资1.5亿元。它的建成，使中国大陆高速公路的建设实现了"零"的突破。此后20年间，我国高速公路建设突飞猛进，进入快速发展的阶段。

四通八达的高速公路网成为社会经济发展的大动脉。占我国公路总里程2%的高速公路网承担了约20%的行驶量；2005年，中国普通公路客货平均运距55～65千米，而高速公路平均运距达到400～450千米，大约是普通公路的7～8倍；高速公路比普通公路节约时间50%以上；运输成本降低30%左右，增强了综合运输通道的运力和运量，优化了运输结构，与其他运输方式形成互补和良性竞争，全面提升了综合运输体系的效率和服务质量；高速公路建设每1元投入带来3～4.6元的收益，效益显著；每1亿美元的投资，带来约1万人的就业机会，为我国创造了大量的就业机会；在集约利用土地上，高速公路与普通双车道公路相比，在提供相同的通行能力条件下，其土地占用量仅为双车道公路的50～66%；高速公路的事故率比普通公路降低40%；汽车废气排放量为双车道公路的1/2～1/3。中国用20年已经建造了5.4万千米的高速公路，如此迅猛的发展速度，世所罕见。

如果说，始建于20世纪40年代的"艾森豪威尔洲际和国防公路系统"是推动美国40年来经济持续繁荣的发动机，那么，更加全面、完善、系统的中国国家高速公路网，就是承载起推动我国社会经济飞速前进的滚滚车轮，释放出中国发展的无穷潜力。

中国高速公路里程增长情况表：

年份（年）	突破里程
1988	修建第一条高速公路，全长20.5千米；
1999	突破1万千米，跃居世界第四；
2000	突破1.6万千米，跃居世界第三；
2001	突破1.9万千米，跃居世界第二；
2004	8月底突破3万千米，比世界第三的加拿大多出近一倍；
2007	突破5.39万千米，每年新建高速公路里程超过4000千米。

秦岭终南山隧道圆千古梦

秦岭，一手"牵着"黄河，一手"挽着"长江，它是中国南北水系的分界岭；它以高大的身躯挡住了寒流和风雪，让春风绿染南国；但它也在千古蜀道上筑起了一道无法穿越的屏障，使李白感叹"蜀道之难，难于上青天"！穿越大秦岭，自古就是人们心中的一个难圆之梦。直到2007年1月20日，千古沉梦终成真，中国第一长隧——单洞全长18.2千米的秦岭终南山特长公路隧道开通。从此，穿越秦岭行车只需15分钟。这不仅仅是一次南北通贯的穿越，更是中国公路隧道建设史上的一次大跨越。

一隧穿秦岭，蜀道变坦途

秦岭就像一道不可逾越的屏障，将巴蜀水乡和关中平原严格地分割并区别开来。而2007年元月顺利通车的"世界第一隧"秦岭终南山隧道使得西安至柞水段130千米里程缩短到65千米，在短短15分钟的时间内就可以轻松穿越秦岭。

历数跨越秦岭的几条道路，尽管它们修筑的年代不同，通往的方向不同，但只要跨越秦岭，就都无一例外地可以用四个字来形容：盘旋曲折。而秦岭终南山隧道直穿秦岭山脉的终南山，让人们一去崎岖爬山之苦。该隧道为上、下行线双洞双车道，北起于西安市长安区青岔，南止于商州区柞水县营盘镇（陕西省东南部），单洞长18.02千米，双洞共长36.04千米，建设规模世界第一。

秦岭终南山公路隧道是国家高速公路网包头至茂名线控制性工程，也是陕西"三纵四横五辐射"公路网西安至安康高速公路重要组成部分。2002年3月，秦岭终南山深处响起了这座旷世巨隧开工建设的第一炮。建设过程中，建设者不断克服断层、涌水、岩爆等施工中的难题和通风、火灾、监控等运营中的重大技术课题，使我国公路隧道建设技术达到了一个新的水平。

这个隧道的长度，相当于3.6个北京长安街的总和。从秦岭终南山隧道的北口进去，往南走18.02千米就可以横穿秦岭了。秦岭终南山隧道，设计时速为80千米，走完全程大约需要15分钟的时间。

得益于隧道的建成，西安至柞水的公路里程缩短60千米，行车时间缩短2.5小时。这条隧道的建成，使交通落后这一阻碍陕南发展的重大瓶颈彻底消除，对改善我国西北与华中、西南地区的交通，促进秦巴山区（秦岭和巴山山脉一带）的社会经济发展及陕西省与周边省市的经济交流，具有十分重要的意义。

隧道建设史上的六项之最

秦岭终南山公路隧道创造了高速公路隧道建设史上的六项之最：

一、它是世界上第一座最长的双洞高速公路隧道。

二、它是第一座由我国自行设计、自行施工、自行监理、自行管理，综合技术水平最高的高速公路特长隧道。

三、它是目前世界口径最大、深度最高的竖井通风工程。隧道共设置三座通风竖井，最大井深661米，最大竖井直径达11.5米，竖井下方均设大型地下风机厂房，工程规模和通风控制理论属国内首创，世界罕见。隧道通风竖并被形象地形容为地球上最大的"烟囱"。

四、它拥有全世界高速公路隧道最完备的监控技术。隧道每125米设置一台视频监控摄像机，两洞共有摄像机288台，是世界上高速公路摄像机安装最密集的隧道。每250米设置一台视频事件检测器和火灾报警系统，对突发事件采用双系统全方位自动跟踪监控，并根据事件类型提供最有效的救援方案。设计水平世界领先，许多关键技术属国内首创。

五、它拥有目前世界上高速公路隧道最先进的特殊灯光带，缓解驾驶员视觉疲劳，保证行车安全。通过不同的灯光和图案变化，可以将特长隧道演化成几个短隧道，从而消除驾驶员的焦虑情绪和压抑心理，为亚洲首创。

六、它首次创造性提出策略管理理论，并运用了首套策略自动生成软件，在高速公路隧道管理理念中处于国际领先水平。对火灾、交通事故、养护等方面发生事件进行自动监测和管理，只要发生一个事件，策略自动生成软件就会自动生成相应的策略程序进行全方位联动指导，保证秦岭终南山高速公路隧道运营管理的准确性和可靠性。

安全设施：细节彰显人性

"18千米的行程，最大的安全隐患就是司乘人员的疲劳问题。这么长的距离，人们很容易产生压抑感。如何保证驾驶安全，怎样调节人的情绪，这是我们的一大攻关难点。"相关专家在谈到隧道建设的挑战时，首先就提到安全问题。2万余名建设者深知，安全是隧道工程的生命。因此，"以人为本"的理念体现在秦岭终南山隧道建设施工的每一个细节上。

行驶在隧道中，驾驶员随时能看到各种提示牌：限速标志、安全出口、紧急电话、报警按钮、紧急停车带等等，一系列安全设施齐备。隧道内每隔250米就有一道小门，供行人通往另一侧隧道；每隔750米就有一道乳白色大门，打开门立即连通两个隧道，能起到紧急救援的作用；每50米就设有一处手动报警装置；每隔一段距离都用中、英两种文字提醒司乘人员距洞口的距离，非常人性化。每当司乘人员看到醒目的提示牌、各种紧急救助信号灯时，心里也就能踏实下来了。

同时，为了缓解司乘人员的疲劳感，调节其情绪，秦岭终南山隧道特别设置了人性化的特殊灯光带。它通过不同灯光和图案的变化，将特长隧道分为4个短隧道。隧道顶部密集的灯聚汇出蓝紫色的光，在顶部呈现不规则的白色、蓝色区域，看上去犹如"蓝天白云"。在隧道的侧部，灯沿墙壁射出暗红色光柱，印在墙上好似晚霞。变幻的灯光交织成一副美景图，使人豁然开朗。在隧道内，每相距约5千米就设置了一处"隧道景观"。人行道上、隧道底部两侧"栽种"了绿色植物和淡紫色小花。车行于此，"枝叶"迎风招展，似乎是在欢迎每一位远方的来客，使人们的疲劳感顿时消减。

防灾救援：安全源于责任

在秦岭终南山隧道两端，每天都有武警24小时执勤进行安检，为的是不让一辆货车漏检，不让一辆危险品车辆通过。因为这是个世界级的工程，一旦出现事故，也将是世界级的影响，所以必须确保安全。隧道两端都设有救援站，如果出现事故，救援人员将在8分钟内赶到事发现场。

封闭的隧道结构最容易引发火灾。终南山隧道全线布设了光纤，1秒钟内就可以把灾害信息传递到自动报警系统。监控中心得到报警信号，在监控员确认后将启动自动预案程序。消防人员每天都演练，不断熟悉应急救援预案，确保能够及时响应。而且隧道顶端和两侧288台摄像机在全洞内24小时无盲区监控，这样的监控密度在世界隧道建设中都少有，可以说秦岭终南山隧道拥有全世界高速公路隧道最完备的监控技术。

18.02千米的秦岭终南山隧道，处处彰显人性化关怀，隧道景观、科学监控、应急管理、完备救援，每一个环节的设计施工都是建设者们责任感的体现。

公路"门道"多

时至今日，四通八达的高速公路方便了人们的出行，大大提升了公路的通行能力。高速公路属于高等级公路，是专供汽车分向、分车道行驶并控制出入的干线公路。美国高速公路的里程仅占全美公路总里程的1%，但却承担了全美20%以上的交通量，这是高速公路通行能力的最好例证。因此人们将高速公路称为"现代社会的生命线"。

公路及其配套设施

公路是指连接城市、乡村和工矿基地之间，主要供汽车行驶并具备一定技术标准和设施的道路。公路主要由路基、路面、桥梁、涵洞、渡口码头、隧道、绿化带、通讯、照明以及交通标志等设备及其他沿线设施组成，属于现代社会最重要的基础设施之一。

路基是公路的基本结构，是支撑路面结构的基础，与路面共同承受行车荷载的作用，同时承受气候变化和各种自然灾害的侵蚀和影响。

路面是铺筑在公路路基上与车轮直接接触的结构层，承受和传递车轮荷载，承受磨耗，经受自然气候的侵蚀和影响。对路面的基本要求是具有足够的强度、稳定性、平整度、抗滑性能等。路面结构一般由面层、基层、底基层与垫层组成。

桥涵是指公路跨越水域、沟谷和其他障碍物时修建的构造物。单孔跨径小于5米或多孔跨径之和小于8米称为涵洞，大于这一规定值则称为桥梁。

渡口码头是指以渡运方式供通行车辆跨越水域的基础设施。码头是公路渡口的组成部分，可分为永久性码头和临时性码头。

隧道通常是指建造在山岭、江河、海峡和城市地面下，供车辆通过的工程构造物。按所处位置可分为山岭隧道、水底隧道和城市隧道。秦岭终南山隧道正是一条山岭隧道。

交通标志是用文字或符号传递引导、限制、警告或指示信息的道路设施。设置醒目、清晰、明亮的交通标志是实施交通管理，保证道路交通安全、顺畅的重要措施。交通标志包括主要标志和辅助标志，主要标志可分为四种：指示标志，通常为圆形和矩形，蓝底白色图案。用于指示车辆和行人按规定方向、地点行驶，如直行、左转、右转、停车、绕行等；警告标志，通常为等边三角形（或菱形），黄（白）底黑（红）边，黑色（或深蓝色）图案，用于警告驾驶人员注意前方路段存在的危险和必须采取的措施，如预告交叉口、道路转弯、铁路道口、易滑路段等；禁令标志，通常为圆形，白底红边，红斜杠黑色图案，是根据街道、公路和交通量情况对车辆加以禁止或适当限制的标志，如禁止通行、禁止停车、限制速度、限制重量、限制宽度等；指路标志，通常为矩形，蓝（绿）底白字和白色图案，用于指示市、镇、村的境界，目的地的方向、距离，高速公路的出入口、服务区和著名地点所在等，并沿途进行各种导向，如国道编号、里程碑、百米桩、分界碑、指路牌、地名牌，以及高速公路出入口、加油站、修理站、停车场等的指示牌。

辅助标志附加在主要标志上起补充说明作用，可分为表示车辆种类、表示时间、表示区间范围和表示距离等四种。辅助标志不能单独设立。

道路照明是在道路上设置照明器，在夜间给车辆和行人提供必要的能见度。道路照明可以改善交通条件，减轻驾驶员疲劳，并有利于提高道路通行能力和保证交通安全。此外，它还可以美化市容。道路照明用的照明器有高压钠灯、低压钠灯、无极灯、金卤灯、荧光灯等。目前，白炽灯、高压汞灯、低压钠灯由于光源性能缺陷已逐渐被淘汰。照明器要合理使用光能，防止眩光（眩光是强光直射驾驶员的眼睛，使眼睛不舒适，产生视觉障碍，看不清物体的现象）。照明器发出的光线要沿要求的角度照射，落到路面上呈指定的图形，光线分布均匀，路面亮度大。为减少眩光，可在最大光强上方予以配光控制。

公路对于分散集中的城市人口、解决劳动就业、发展工农业生产和旅游业都起着很大的作用。但是随着城市道路的日益拥堵，交通繁忙的都市呼唤着新型高速道路来分流城市人口。

公路隧道不简单

公路隧道的主体建筑物一般由洞身、衬砌（为防止土、石风化和坍塌，阻止地下水流入隧道而沿隧道周边建造的支护结构物，通常用石料、混凝土和钢筋混凝土就地砌筑，或用混凝土、钢筋混凝土、铸铁或钢材做成预制构件拼装而成）和洞门组成，在洞口容易坍塌的地段，都会加建明洞。隧道的附属构筑物有防水和排水设施、通风和照明设施、交通信号设施以及应急设施等。

公路隧道施工可分为明挖法和暗挖法两大类。明挖法是先将地面挖开，在露天情况下修筑衬砌，然后再覆盖回填。暗挖法是不挖开隧道上面的地层，在地下进行开挖和修筑衬砌。暗挖法又可分为矿山法、盾构法和隧道掘进机法。

矿山法：又称采矿法隧道施工，是岩石地层中修建隧道的一种方法。施工时先在隧道岩面上钻眼，装药爆破成毛洞，再将全断面按一定顺序开挖至设计尺寸，然后顺次修筑衬砌。在坚硬地层中，围岩有较好的整体性，坑道开挖后围岩有一定的自稳能力，可以少分块，甚至一次就开挖出整个隧道断面。在岩石不够坚硬完整的地层中开挖隧道时，一般需先开挖导坑，设置临时支撑，以防止土石坍塌。导坑是为修筑隧道在断面上最先开挖的小坑道，在修建长隧道时，一般先开凿一条同隧道平行的施工辅助导坑，即平行导坑。在平行导坑内每间隔一段距离开挖斜向坑道与隧道相接，以增加隧道施工时的工作面。需要时，平行导坑可扩大为第二线隧道。

盾构法：采用盾构机作为施工机具的施工方法，常用于松软土壤中圆形断面的隧道施工。盾构的外壳是圆筒形的金属结构，前部为装置开挖设备的切口环，中部为装置推进设备（千斤顶）的支承环，尾部为掩护拼装衬砌工作的盾尾。盾构法施工是在前部开挖地层，同时在尾部拼装衬砌，然后用千斤顶顶住已拼装好的衬砌将盾构推进，如此循环交替逐步前进。

隧道掘进机法：在整个隧道断面上，用连续掘进的联动机施工的方法。掘进机由旋转式刀盘（盘上装有滚刀和装碴铲斗）、石碴装载设备、机身前进的推进装置和支撑装置、控制方向的激光准直仪、安装临时支撑的设备及其他机械装置组成。施工时，旋转刀盘承受很大的推力挤压在隧道开挖面上旋转，切削岩石，碎碴由刀盘四周的铲斗提升到出碴槽内，滑至输送机，然后由其他运输机械转运洞外。机身中部有几对可伸缩的支撑装置外伸，并撑紧在岩壁上，固定机身和传送强大的扭矩与推力。完成一个行程后，收缩支撑使机身前进到新位置，再重复这一动作。掘进机具有掘进速度快，操作安全，对围岩扰动小等优点，可用于中等坚硬以下的岩石隧道工程。

隧道挖成后，还需要解决通风问题。机动车辆通过隧道时排出的废气，含有多种对人体有害的物质，柴油车排出的黑烟和车辆卷起的尘埃还会降低隧道内的能见度。因此，通风的目的就是要保证隧道内空气符合卫生标准和有足够的透光率。隧道通风主要是采用从隧道外部引进新鲜空气的方法。由汽车活塞效应所产生的交通风风量同自然风产生的风量总和，大于隧道内相应交通量所需通风量时，采用自然通风方式即可，否则需要采用机械通风方式。隧道长度和交通量是选择通风方式的主要依据，此外还要考虑隧道种类、地形、地质、气象等影响因素。

刷新世界海下最深记录
——"蛟龙"潜海

大深度载人深潜技术

中国是继美、法、俄、日之后世界上第五个掌握大深度载人深潜技术的国家。在全球载人潜水器中，"蛟龙号"属于第一梯队。目前全世界投入使用的各类载人潜水器大约90艘，其中下潜深度超过1000米的仅有12艘，更深的潜水器数量更少，目前拥有6000米以上深度载人潜水器的国家包括中国、美国、日本、法国和俄罗斯。除中国外，其他4国的作业型载人潜水器最大工作深度为日本深潜器的6527米。"蛟龙号"载人潜水器在西太平洋的马里亚纳海沟海试时成功到达7062米海底，创造了作业类载人潜水器新的世界新纪录。

连续刷新"中国深度"新纪录

为推动我国深海运载技术发展，为我国大洋国际海底资源调查和科学研究提供重要的高技术装备，"蛟龙号"深海载人潜水器2002年被列为国家高技术研究发展计划（863计划）重大专项，并启动研制工作。经过约100家科研机构和企业6年的努力，载人潜水器本体研制、水面支持系统研制和试验母船改造、潜航员选拔和培训等工作全部完成，具备了开展海上试验的技术条件。2009年8月开始，"蛟龙号"载人深潜器1000米级和3000米级海试工作相继开展。

2012年5月3日，"向阳红09"船自江阴起航奔赴太平洋马里亚纳海沟执行"蛟龙号"载人潜水器7000米级海试任务。期间，"蛟龙号"共完成6次下潜试验，连续刷新"中国深度"新纪录，其中3次超越7000米，最大下潜深度达到7062米。这次海试还对潜水器289项、水面支持系统24项功能和性能指标进行了逐一验证，开展了坐底、定深定高航行、近底巡航和海底微地形地貌精细测算作业内容，取得了地质、生物、沉积物样品和水样，并记录了大量珍贵的海底影像资料。

下潜至7000米，标志着我国具备了载人到达全球99%以上海洋深处进行作业的能力，标志着"蛟龙"载人潜水器集成技术的成熟，标志着我国深海潜水器成为海洋科学考察的前沿与制高点之一，标志着中国海底载人科学研究和资源勘探能力达到国际领先水平。

地地道道"中国龙"

"蛟龙号"是中国第一台自行设计、自主集成研制的深海载人潜水器。"蛟龙号"从方案设计、初步设计到详细设计，全部由中国工程技术人员自主完成。其关键核心技术，如耐压结构、生命保障、远程水声通信、系统控制等，都是中国人自己突破的。总装联调和海上试验也是由中国独立完成。

"蛟龙号"的总设计师徐芑南介绍说，已经没有任何关键的进口部件或设备会影响到中国"蛟龙号"载人潜水器今后的应用。从部件数量比例而言，"蛟龙号"目前的国产化率已达到58.6%。这意味着，中国的载人潜水器将不再"受制于人"，"蛟龙号"是一条地地道道的"中国龙"。

"蛟龙号"载人深潜器具有针对作业目标稳定的悬停定位能力，具有先进的水声通信和海底微地形地貌探测能力，可以高速传输图像和语音，探测海底的小目标。"蛟龙号"上还配备多种高性能作业工具，确保它在特殊的海洋环境或海底地质条件下完成保真取样和潜钻取芯等复杂任务。

未来"蛟龙号"的使命包括运载科学家和工程技术人员进入深海，在海山、洋脊、盆地和热液喷口等复杂海底有效执行各种海洋科学考察任务，开展深海探矿、海底高精度地形测量、可疑物探测和捕获等工作，并可以执行水下设备定点布放、海底电缆和管道的检测以及其他深海探询及打捞等各种复杂作业。

"蛟龙"入海的实际意义

"蛟龙号"长8.2米，宽3米，高3.3米，排水量23吨，水下工作时间12个小时。整个潜水器在海底投入高速水声进行联系，位置是由超短定位声呐来确定的。"蛟龙号"要下潜至7000米海底，相当于从2300多层楼的顶层下潜到底层，水下温度低，还要承受700吨的水压。有3人在潜艇开展工作，它可以到达全球99%以上的海底进行科考。

然而，"蛟龙"潜海的实际意义究竟在哪里呢？海洋占地球表面积的71%，除沿海国家所拥有的领海、200海里的专属经济区及有海底资源占有权的海域外，还有49%的海域不属于任何国家，而是由联合国国际海底管理局管辖。这个49%的海域深度都超过1千米，其管辖办法是，要开采首先要向联合国国际海底管理局申请，批准后才能去开采。在开采之前，要做大量深海调查工作，在什么区域有什么矿产资源？怎么开采？对周围的环境、对海底的生态有何影响？对这些问题作一个全面的评估报告送给国际海底管理局，经讨论获得同意和批准了，才能签订合同。这个合同并不是把海底的土地给开采者，而是给予开采者海底资源的优先调查权。这些资源非常丰富，但却是人类在地球上最后一点财富了。"蛟龙号"就是为这个服务的。

目前我国已经拿到了两块经国际海底管理局批准开采的海域，一块在东太平洋夏威夷群岛南边，占地7.5万平方千米。这里富含锰集合，是陆地含量的几十倍到几千倍。第二块是在西南印度洋的硫化物矿区，占地10000平方千米。

从此，中国的"蛟龙"将走向更加广阔的海域，中国获得的专属勘察权合同也会越来越多。

深潜传奇——徐芑南

徐芑南，我国深潜技术的开拓者和著名专家之一，浙江镇海人，1936年3月生，1958年毕业于上海交通大学造船系，毕业后投身潜艇的结构研究和海洋装备事业，先后担任了4项水下潜器的总设计师。2002年，担任我国第一台自行设计、自主集成研制的7000米载人潜水器"蛟龙号"的总设计师。获2009年度全国海洋人物称号、2010年度科学中国人年度人物称号。

与潜艇结下不解之缘

1953年，新中国成立不久，百废待兴。造汽车、造飞机、造轮船，成了很多年轻学子的理想。17岁的徐芑南在上海南洋模范中学毕业后，他的理想是学造船，保卫祖国的海疆。通过努力，他如愿考入了上海交通大学造船系。

经过4年半的大学生活，他打下了扎实的理论功底。毕业后，他被分配到了702所（中国船舶科学研究中心），从此他与潜艇结下了不解之缘。

在研究所，他做的第一件事就是水滴型核动力模型水动力试验。总设计师是他的大学校友、中国核潜艇之父黄旭华。由于徐芑南学的是船舶设计，对潜艇的了解非常有限，于是他边找材料、边学习、边做试验，最终在前辈的帮助下完成了任务。

在接触潜艇的过程中，徐芑南意识到，年轻人光有勇气还不够，更重要的是底气，这个底气就是来自对知识的积累。于是，他主动请缨，并最终被所里批准去青岛潜艇基地当了一名"舰务兵"。在当兵的1个月时间里，他把潜艇的原理、各个舱段的分布与仪器安装使用等情况都摸得一清二楚，然后又要求去潜艇的修理厂实习。

短短3个月，他对潜艇知识的了解有了一个质的飞跃。从此，徐芑南梦想着能够造出世界上最先进的载人潜水器，为我国海洋科考开辟更广阔的领域。

未了却的心愿

当年轻的徐芑南刚开始建立起对潜艇的认识并准备大干一场时，美国、苏联等国家已经开始向大洋深处进发，载人深潜技术突飞猛进。1964年，美国的"阿尔文"号已经能够下潜到2000米以上。

年轻的徐芑南心急如焚，他在工作之余找了很多书籍来看，想从中寻找灵感。有一段时期，人手少忙不过来，他就一个人完成几个人的任务。从行车指挥、设备安装、实验测试，到写分析报告，他一个人全包了，慢慢竟成了个"多面手"。

20世纪八九十年代，作为总设计师，徐芑南创造性地为我国自行研制出多种型号的无人深海潜水器和水下机器人。那时，因种种条件所限，他参与的工作都是带缆的、无缆的大深度无人潜水器及几百米载人潜水器，唯独没有大深度载人潜水器。然而，随着陆地上资源被不断开采，人们把目光转向大洋——这个地球上最后尚未开垦的资源地，与其相关的科研发展的速度在进一步加快。到20世纪80年代末期，美、法、俄、日先后研制出6000米至6500米级的深海载人潜水器。我国在这一领域明显落后。

作为我国深潜领域的开拓者，徐芑南毕生的心愿是能造出大深度载人潜水器，为中国成为这一领域领先者出一份力。然而几十年过去了，他虽然在潜艇领域已取得了很大的成就，但直到退休离开了单位，他的这个心愿都没能实现。1998年，退休后的徐芑南与老伴一起远赴美国，与儿子、孙子同住，准备安度晚年。

有幸了却大深度载人潜水器心愿

2002年，我国7000米载人潜水器被正式立项。一天晚上，当66岁的徐芑南在美国过着安逸的生活，与家人享受着天伦之乐的时候，他接到702所所长的越洋长途电话。在电话里，所长和他谈了7000米载人潜水器正式立项的事情，并希望他能够再次挑起总设计师重任。

反复思量后，徐芑南决定回国，完成这个他几十年来都想完成的心愿。于是，华东理工大学毕业的老伴也和他一起回国参加了课题组，既当助手，又负责照顾他的身体。

按国家863重大专项的要求，总设计师年龄不应超过55岁，然而科技部特地为徐芑南打破了这个先例。

此前，我国的载人潜水器最大下潜深度只有600米。载人深潜从600米到7000米，要攻克的重重技术难关可想而知。

徐芑南领命后就全身心投入进工作里。这10年，徐芑南是靠着信念和毅力一步一步走过来的。他看资料需要用放大镜，或让老伴念给他听，因为他的右眼视网膜已经脱落，左眼视力也不好，要走得特别近，他才能看清来者是谁，和熟悉的人打招呼全靠辨认轮廓。

2009年，"蛟龙号"第一次海试，徐芑南坚持和大家一同上"向阳红9号工作母船"。第一次海试刚结束，在舱室内他心脏病突发，同行的人十分紧张，他反而安慰大家："没关系，服了药，平躺一会儿吸点氧就行了。"

这么大的工程要涉及的面是非常广的。10年中，在海洋局的组织实施下，课题组组织了全国近百个科研院所、工程企业，经过一年又一年的努力，攻克了一系列的深海装备空白、瓶颈技术难关。2012年6月15日至6月30日连续15天的时间里，课题组成功完成了最终的目标6000米所有试验，并3次突破了7000米。这3次的突破，创造了世界上同类型载人潜水器最大工作深度的记录。

在深潜6000米试验成功的那一刻，徐芑南非常兴奋，因为他等了一生的心愿终于在这一刻圆满完成了！

你所不知道的"蛟龙"

"蛟龙号"载人潜水器创造了世界同类潜水器的最大下潜深度。如果我们看了新闻图片，会发现，"蛟龙号"是被母船的缆绳吊着放入水中的。那么这次下潜需要配备7000余米的缆绳吗？母船是否可以通过视频观察潜航员的一举一动呢？潜航员又是否与宇航员一样会经历失重呢？如此多有关深潜的疑问和好奇，让我们抑制不住想知道答案。

海下负重生存

今天人类已能通过海底探险来增加对海洋的了解。在海洋中，随着深度的增加，海水的压力将逐渐增大。水深每增加10米，压力就增加1个大气压。因此，假如在马里亚纳沟7000米的深处，海水的压力将达到700多个大气压。

我国自主研制的"蛟龙号"正是成功经受住了7000米级海试，创造了世界同类潜水器的最大下潜深度新纪录。但是，你也许会问，700多个大气压有多大呢？举个例子，人们在7000多米的水下看到的小鱼，实际上它要承受700多个大气压力，这就是说，这条小鱼在我们人手指甲那么大小的面积上，时时刻刻都在承受着700千克的压力。这个压力，可以把钢制的坦克压扁。

其实，美国的"的里雅斯特"号潜水器曾经下潜到马里亚纳海沟的底部，潜水器的外壳成功地经受住了1100个大气压的考验，也就是说，在人指甲盖大小的面积上承受了1000千克以上的压力。事实上，经过周密的计算，科学家认为：在那里，潜水器承受了15万吨的压力，这相当于两个半航空母舰的重量。不过，因为直径218厘米、壁厚87毫米的钢制潜水器，竟然被海水的压力压缩了2毫米，并导致油漆从潜水器上脱落，所以这次试验还不算成功。

"蛟龙"深潜秘密

一、无动力自主下沉与上浮

我们从新闻图片中看到，"蛟龙号"是被母船的缆绳吊着放入水中的，不过，并不像我们所想的配备了7000余米长的缆绳。

其实，"蛟龙号"是无动力自主下沉与上浮，当它入水后，"蛙人"就乘坐橡皮艇将缆绳解开，"蛟龙号"便完全自主、独立运行。

在下潜实验前，现场工作人员都要测量海底作业区的海水密度，确定"蛟龙号"需要搭载多少重量的压载铁。由于有压载铁，潜器为负浮力，进入海水中后开始下沉。当到一定深度，潜器根据作业需要抛掉部分压载铁，以使潜器的比重最大程度接近海水密度，减少螺旋桨的工作压力。

"蛟龙号"坐底后，潜航员操作潜器进行标志物布防、沉积物采样和海底微型地貌勘测等。在完成所有作业后，潜航员操作再次抛掉压载铁，潜器变为正浮力，开始上升。压载铁放在潜器两侧的位置，每次下潜试验前才根据需要安装压载铁。

二、"蛟龙号"无法实时传回视频图像

我们知道，"神舟九号"的宇航员在太空工作、生活的视频图像可以实时传回陆地，但"蛟龙号"与载人飞船不同，它不能实时向母船传回生命舱

内或外部摄像头拍摄到的视频图像。

"蛟龙号"下潜作业过程中与母船依靠水声通信机来传输信息，但水声的特性决定了声学通信机传输信息的速率慢、容量低，只能保证语音、文字、数据和图片的传输，但达不到视频实时传输的要求。

声音在水中大约是以1500米/秒的速度传播，但是随着深度的增加，传播速度会逐渐降低。随着深度的继续增加，声音的传播速度会出现一个拐点，即深度越深，声音传播速度又逐渐提高。因此，下潜试验前，都要根据海水盐度等要素的观测数据测算这个拐点的深度，将水声通信机放在拐点深度以下，保证通信质量。

通过水声通讯机，母船与潜器之间可以语音通话，潜器的各种信息可以传输回母船，如深度、电池容量、舱内氧气和温度等。但由于声传输的速度较慢，会出现时间差。

三、潜航员不需要穿"宇航服"

潜航员出舱时所穿的衣服与宇航员极为相似，那他们在下潜过程中是否也要穿"宇航服"？他们在舱内是否也会失重？

"蛟龙号"每下潜10米所承受的压力就增加一个大气压，但是潜器生命舱内基本是恒温、恒压的，而且有氧气供给，因此，潜航员不需要穿"宇航服"，他们在下潜过程中也不会经历失重。

只是在刚入水准备阶段，海面上温度是比较高的，舱内温度也相对较高，这时潜航员相对会比较难受。潜器在下潜过程中，环境温度会逐渐降低，舱内的温度也会开始降低，所以潜航员在下潜时需要有一些防寒措施，穿着较厚的衣服下潜。

此外，7000米级海试每次试验都长达10余个小时，要求潜航员们的注意力要高度集中，而且潜器内解手不便，因此他们都很少吃东西和喝水，只吃一点苹果或巧克力而已。

打造世界最大造船基地
——长兴岛造船基地

为我国船舶工业跨越式发展铺平道路

    2002年底，上海市申办2010年世界博览会成功后，由于地处黄浦江沿岸的上海江南造船（集团）公司厂区正处于世博会会址的核心区域，厂区占地1145亩，占世博会园区规划总面积的14.45%，于是中国船舶工业集团（简称中船集团）与上海市政府达成协议，将其所属的上海江南造船厂等企业从黄浦江边整体搬迁至长兴岛。此举既是为了给2010年上海世博会园区建设腾出土地空间，同时也是为谋求自身发展，利用长兴岛的深水海岸建造大型舰船。

世界上最雄伟的造船基地即将崛起

    中国造船业曾经有过辉煌的历史，明朝时期郑和下西洋的舰队是当时世界水平最高的远洋舰队，充分展示出我国当时的先进造船水平。但是由于西方工业革命的兴起和我国长期实行闭关锁国政策，西方的造船技术开始超越东方，中国的船舶制造业逐渐落后于世界。直到鸦片战争后，西方的坚船利炮轰开了国门，清政府才开始着手建立近代船舶工业。1866年，洋务派首领左宗棠在福州创办的福建船政局，遂成为中国近代最早的造船工业。此后近百年时间里，战乱硝烟使得船舶工业前行艰难。

    新中国成立后，我国船舶工业重新起步，形成了完整的船舶工业体系。

经过改革开放30年的快速发展，船舶工业已经成为我国的一个支柱产业，我国也成为世界船舶工业的一支重要力量。

从20世纪五六十年代开始，世界船舶制造中心已经历了多次从先行工业国家向后起工业国家的转移，目前东亚地区占世界造船市场的份额超过80%。日本、韩国虽仍为世界造船大国，但世界船舶工业中心向中国转移的趋势已经确立。世界造船中心的东移也伴随着造船王国的兴替：19世纪初，美国是造船王国；19世纪中叶轮到英国称霸，在"第一造船大国"的宝座上坐了近100年；进入20世纪后，1956年，日本的造船产量达到187.6万吨，一跃成为当时的造船王国；1973年，以韩国现代蔚山造船厂建成投产为标志，韩国造船也迅速兴起，经过近30年的努力，终于在进入21世纪后，超过日本，成为世界第一造船大国。目前世界造船业竞争格局总体上呈现出由日、韩争霸逐渐演变为中、日、韩三足鼎立，欧美逐渐衰退的态势。

为实现我国船舶工业跨越式发展，2006年8月，国务院常务会议审议通过的《船舶工业中长期发展规划》提出，我国将重点建设环渤海湾、长江口、珠江口三大造船基地，将原本位于内河沿岸的修造船企业迁移至沿海深水岸线，扩大船舶企业生产能力，形成具备整体竞争实力的产业集群。按照这一规划，国家发改委先后批复了上海长兴岛造船基地、青岛海西湾造修船基地、广州龙穴造修船基地的项目可行性报告。在这其中，上海长兴岛造船基地是规模最大的工程。一张气势磅礴的蓝图正在上海长兴岛徐徐展开，水深坡陡、视野开阔的南岸将崛起世界上最雄伟的造船基地。

由造船大国向造船强国转变

2008年6月3日，长兴造船基地一期工程提前半年竣工。随着一期工程建设的全面快速推进，长兴造船基地接单经营工作进展顺利。一般的新船厂需要渡过三四年的亏损期，而长兴造船基地三号线新厂却实现了当年建厂当年盈利的奇迹。在一期工程建成基础上，中船集团抓紧启动生产能力达350万吨的二期工程，预计将于2015年完工。届时，一个全世界规模最大的造船总装基地将在长江口崛起。

值得注意的是，与一期生产线主要生产干散货船、集装箱船等不同，二期工程将以大型集装箱船、液化天然气船和海洋工程船为生产重点，这些船型属于造船行业中的高附加值类型，有助于我国由造船大国向造船强国转变。

近年来，中国造船业产品结构不断优化升级，是中国船舶迅速崛起的主要动因。目前我国已全面掌握了油船、散货船、集装箱船三大主流船型的设计建造技术，形成了一批标准化、系列化的品牌船型。油船、集装箱船手持订单占世界份额从不足10%分别提高到30%和21%，散货船已达到28%。而且，中国已进入大型液化天然气船、万箱级集装箱船、30万吨海上浮式生产储油船等高端产品市场，大型船用柴油机曲轴实现了批量生产。

伴随着"从江边到海边、从陆上到岛上"的战略大转移，一个个国内造船界难关正不断攻克。沪东中华造船公司已经成功制造出国内第一艘LNG船（天然液化气运输船），LNG船被誉为世界造船业皇冠上的一颗明珠，仅有少数几家船厂具备生产能力。长兴岛基地建成后，将有条件攻克豪华邮轮、超大型集装箱船等造船难关，为生产更多有世界级水平的国产巨轮奠定扎实的根基。

世界最大港口集装箱起重机械制造商

除了修造船工业外，根据上海市的产业功能规划，长兴岛将建成全国乃至世界最大的海洋装备产业岛。目前长兴岛已有振华港机、上海港机等海洋装备机械和大型船舶建造基地在这里陆续建成。

上海振华港机集团（ZPMC）成立于1992年，是全球最大的港口集装箱起重机械制造商，在全球岸桥市场占有率超过70%，每年有来自世界各地的订单超过30亿美元。该集团拥有六大生产基地，其中长兴岛基地是世界规模最大，技术工艺流程最先进的港机生产基地，拥有岸线3.5千米，方便起吊和运输；采用的钢板预处理流水线、等离子水下数控切割等电子控制系统和先进的工艺流程，能够使港机的生产周期缩短1/3。2001年底总投资10亿元的一期工程开始建设，占地面积100万平方米，厂房面积24万平方米，于2002年底建成。为适应市场需求，振华港机集团又进行了工程的二、三期建设。

振华港机拥有数百位专业设计人员，其中不少是世界一流的港口机械专家，这支队伍组成了行业内最强的港机设计力量。同时，公司与多所高等院校合作，攻克了数十项集装箱起重机的世界级难题，保持了集装箱港机技术的世界领先地位。同时，公司还拥有几十项具备自主知识产权的科技成果和专利。如用于场桥直线行走和箱位管理的GPS系统、故障显示和监测系统、智能型吊具和自动对箱系统以及防碰撞系统等等。自主开发研制了双40英尺集装箱岸桥、双小车岸桥、标准场桥等新产品，这些产品具有较高的附加值和广阔的市场前景。

与振华港机同为中国交通建设集团旗下的上海港机，是我国港口机械行业的"龙头老大"。其历史可以追溯到1885年创建的公茂机器制造厂。公司主要产品包括集装箱起重机、门座式起重机、散货装船机、散货卸船机、浮式起重机及重型桥式、龙门式起重机等六大系列港口起重运输机械产品；同时生产大型桥梁、建筑钢结构、隧道盾构、脱硫装置及轨道交通等重型机械。曾以成功研制双圆隧道掘进机、直径6.34米单圆隧道掘进机、900吨铁路提梁机和900吨铁路架桥机等设备而闻名世界。

因厂址位于2010年上海世博会规划范围内，2007年，上海港机与世博筹备机构签订了动迁协议，将其生产基地搬迁至长兴岛，与振华港机比邻而居。2008年3月，总投资16亿元的上海港机长兴基地正式建成。基地占地47万平方米，建有约19万平方米的生产车间及4.7万平方米的辅助生产车间；拥有650米深水岸线及380米的两座5万吨级重件码头，还配置国内最大的500吨门机、1000吨浮吊、直径25米的数控立式车床等先进加工设备。全部投产后，具备年产150台大型港口装备和15万吨钢结构的能力。振华港机以全球市场为主，大部分产品出口外销，而上海港机的集装箱起重机基本全部销售于中国大陆市场。两家集团正在寻求整合以发挥规模互补效应，强化企业的行业龙头地位。

长兴岛造船基地概况

上海长兴岛位于长江入海口处，三面临江，一面临海，归崇明区管辖，与浦东国际机场隔江相望。全岛呈长条形，东西长24千米，南北宽3～4千米，陆域总面积87.85平方千米，相当于新加坡面积的1/8。位于长兴岛中部的前卫农场是全国最大的柑橘生产基地之一，因此长兴岛素有"柑橘之乡"美誉。此外，长兴岛沿岸还具有59千米长，终年不淤、不积、不冻的深水岸线，是一块天然的造船宝地。

"圈围造地"

长兴岛有-15米深水岸线15千米，并有大量腹地可配套使用。适宜建造深水码头，以开展货物储运、集装箱周转等业务，亦可建造10～30万吨级的船坞。

不过，天然的优良条件还需要加上人工改造。因此，世界最大的造船基地——中船长兴岛基地的前期工程启动后，按照长兴岛造船基地的整体规划，以新开港下游1千米为起点，长约8千米的岸线全部用于造船。因此需要在长兴岛南岸新开港下游的滩涂上"圈围造地"。前期的"圈围造地"工程分为两步：

第一步是"围堤"，即在现有的长兴岛大堤外建造新的大堤，新堤总长9.112千米，为1级提防，按照抵御200年一遇高潮位和12级风的能力建设，其中主堤堤身总宽约40～50米，堤顶有效路面宽度约8米，新堤与旧堤之间将圈围滩涂面积1.792平方千米，约2690亩。

第二步是对滩涂分为四块用粉砂土等材料进行"吹填"，吹填设计高度为5米，整个"圈围造地"工期将在1年左右。

"圈围造地"是长兴岛造船基地建设的第一步，这为将来的船坞和码头建设打下基础。这次长兴岛圈围造地面积之大、岸线之长，创下世界各大船舶基地建设中的新纪录。"圈围造地"完成后，长兴岛的旧大堤将被拆除，从新堤向内延伸1.5千米的广阔土地上，将建造船坞和厂房，而新堤之外将建造码头，从而一步步搭建起世界最大的造船基地。

向世界一流造船基地大步迈进

船舶工业是关系到国防安全及国民经济发展的战略性产业，是现代大工业体系的缩影，能够反映一个国家的整体工业水平。

江南造船集团（改制前称为江南造船厂）前身是创办于1865年的江南机器制造总局，是中国近代民族工业的发源地，140多年来，曾为我国制造出第一支步枪、第一门钢炮、第一台万吨水压机、第一代航天测量船等上百个"中国第一"，被誉为"中国第一厂"。百年"江南"，兴于黄浦江，又受限于黄浦江。尽管江南造船厂是中国造船业"旗舰"，但因为黄浦江水深有限，江上两座大桥又成为巨轮进出门槛，所以江南造船厂只能承建10万吨以下船舶。

2003年8月初，中船集团与上海市政府就上海地区船厂布局调整的有关问题签署合作备忘录，其中明确提出在长兴岛安排8000米岸线，用于中船集团系统内黄浦江沿岸船厂调整搬迁。中船集团在长兴岛规划建设一个拥有7个特大船坞，年造船能力将达1200万吨的大型造船基地。江南造船厂整体搬迁后，年造船能力由80万吨，到2010年提高至450万吨以上，跻身世界十大造船厂行列。

2003年11月18日，世界最大的造船基地——中船长兴岛基地的前期工程开始启动。长兴造船基地位于长兴岛的东南端，规划面积10平方千米，一期工程总投资约160亿元，岸线长4.5千米，腹地深1.1千米左右，占地面积5.6平方千米，年造船能力450万吨，规模仅次于韩国蔚山造船基地，位列世界第二。到2015年基地全部建成后，年造船量将跃居世界第一，达到800万吨以上。

韩国现代重工集团蔚山造船基地，建于1972年，包括现代蔚山、现代尾浦造船厂。现代重工集团是目前世界第一大造船集团，30年来累计建造新船1000艘（合计7754万载重吨）。中船集团造船产能暂居第二位。

2005年6月3日，中船江南长兴造船基地开工典礼在长兴岛举行，随着工地上6台打桩机同时启动打桩，标志着这个世界一流造船基地，和中国最大的海军装备基地正式开工建设。这一天正好是上海江南造船厂建厂140周年生日，百年老厂走出黄浦江，走向长江口，开始向世界一流造船基地大步迈进。

特大型修造船厂——中海长兴

中船集团下属的江南造船厂并不是长兴岛上唯一的船厂。在江南长兴造船基地的西北方向岸线上还有一个隶属于中国海运集团的大型修船厂——中海长兴国际船务工程有限公司（简称中海长兴）。中海长兴岸线总长3.5千米，水深10～16米，具备承接350米以下的油轮、货轮、集装箱轮和大型海洋平台的坞修、厂修和改装的条件，对于ULCC船舶（超巨型原油船，载重在30万吨以上）将作靠泊修理。中海长兴目前已建成长450米、宽130米的干船坞一座，10万吨级的泊位7个、30万吨级的泊位6个，可容340米长的超级油轮原地掉头转向，地理位置十分优越。此外，中海长兴同时拥有8万吨的"中海普陀山"浮船坞、20万吨的"中海九华山"浮船坞和30万吨"中海峨眉山"浮船坞。

30万吨级"中海峨眉山"号浮船坞是目前世界上最大的钢质浮船坞。由上海船舶研究设计院设计，坞长410米，型宽82米，型深28米，举力8.5万吨，耗用钢材超过4万吨，造价超过5.8亿元。坞内面积比4个足球场还要大，可以让世界上的绝大部分巨型船舶，开进它的"肚子"里，进行维修改装工作。2008年11月29日下午，"中海峨眉山"号浮船坞正式竣工投产。

7座特大型干船坞

船坞是造船厂中修理和建造船舶的工作场所。船坞有两种：干船坞和浮船坞。浮船坞是一种可以移动并能浮沉的凹字形船舱。干船坞的三面接陆一面临水，其基本组成部分为坞口、坞室和坞首。当船舶进入干船坞修理时，首先向坞内充水，待坞内与坞外水位齐平时，打开坞口的坞门，利用牵引设备将船舶牵入坞内，之后将坞内水体抽干，使船舶坐落于坞室中支承船舶的龙骨墩上。修完或建完的船舶出坞时，首先向坞内灌水，至坞门内外水位齐平时，打开坞门，牵船出坞。

为什么要修建特大船坞呢？因为船坞尺寸越大，就能够建造维修越大的船舶。所以，船坞的大小是衡量船厂修造船产量的重要指标。

江南长兴造船基地共规划建设7座特大型干船坞，一期工程建设4座。其中一号船坞长520米、宽76米；二号船坞长510米、宽106米；三号船坞长580米、宽120米；四号船坞长365米、宽82米、深14.1米，是目前我国软土地基上最深的船坞。4座特大型船坞都堪称"巨无霸"，面积大约相当于10个标准足球场大小。其中一号船坞用于建造30万载重吨以上的超大型油轮，年生产能力4艘；二号船坞用于生产17.5万吨的散货船，年生产能力12艘；三号船坞用于建造7000标准箱的大型集装箱船，年生产能力10艘；四号船坞用于建造大型液化天然气船。到2015年二期工程完成后，造船基地将拥有7个大船坞。届时，长兴岛也将成为世界最大造船基地之一。

整个江南长兴造船基地共配置了9座舾装码头和2座材料码头，总长近3千米，水深12～16米，目前能建造这样高端产品的船厂还为数不多。计划到2015年实现造船能力800万吨。未来，液化天然气船、30万吨级油轮、8000箱以上集装箱船等都将在这里诞生。

江南长兴造船基地一期工程共安装7台600吨以上的龙门吊（即门式起重机），其中一号船坞安装两台600吨×172米的，二号船坞安装两台600吨×187米的，主梁都为双箱式结构，高10.5米，宽11.85米，主梁顶标高为86.5米，主梁上部设置1台2×300吨上小车、1台主钩起重量为350吨、副钩起重量为32吨下小车。江南长兴造船基地还建造了3台800吨门式起重机，其中三号船坞区域安装两台，跨度为201米，四号船坞安装1台，跨度为158米。这3台起重机，主梁为双箱式结构，高12米，宽12.75米，主梁底标高为76米；刚性腿为变截面箱式结构，内部设有电梯，与行走机构通过销轴连接；柔性腿为"人"字形，由上接头、两根撑杆及下横梁组成，与行走机构通过销轴连接；主梁上部设置1台起重量为2×450吨上小车、1台起重量为500吨/32吨的下小车。2008年1月，7台起重机安装工程完工。

有了完善的设施还需要先进的生产组织管理方式，江南长兴造船基地共有3条生产线，其中1、2号线为民品生产线，3号线为军品生产线。超大型船坞采用并列半串联制造法，大大提高了船坞利用率。每条生产线呈"U"字型布局，确保从材料码头进料，到加工车间切割加工、分段厂制造、涂装厂涂装、总装、船坞搭载，最后到码头舾装，依次向前推进，不走回头路。经过这样一条流程，材料从码头运到基地，到最后下线已经变成一艘艘万吨巨轮了。

值得一提的是，在江南造船厂对民品4个船坞的规划中，还充分考虑了生产替代品的能力——二号船坞可建造阿芙拉型邮轮；三号船坞可制造大型海洋平台，如海上石油钻井平台；四号船坞可建造超大型豪华邮轮。新基地还将建1座占地1000平方米的含油废水处理站，其处理能力将达到每天30吨，废乳化液设计处理每天3吨。在噪声及振动控制方面，将在噪声较大的空压站房内设立吸声结构，安装消声器，以最大限度地减少对岛上环境的影响，为"绿色造船"打下基础。

2006年9月26日，江南长兴造船基地经过1年多建设，3号生产线正式启用。3号线占地面积近100万平方米，吸收产业工人近3000名。3号线的投入生产，标志着江南长兴造船基地建设取得了实质性成果。2007年5月22日，江南长兴造船基地首制船——为挪威STENERSEN公司建造的16400吨成品油/化学品船在3号线成功下水。210米长、30米宽、4.5米高的巨大抬船浮箱托起该船，缓缓移进人造港池。再经过排水、沉箱等多道作业，新船终于稳稳地靠上舾装码头。这是该基地采用新工艺下水的第一艘船舶。该船采用的浮箱下水技术，是江南造船（集团）公司首次用于万吨级以上船舶建造。该船下水成功，意味着江南造船集团在长兴基地的主要任务已由建厂转向造船生产。

航海相关知识介绍

了解了长兴岛造船基地，我们很容易对航海产生向往。然而，真正的航海并不像在马路上开车那么简单，它随时会遇上许多变化的因素。想要在海洋上顺利安全地往返，就要对航海知识有足够的了解。航海知识涉及许多内容，下面我们仅介绍几点与我们生活比较接近、且我们容易感兴趣的内容。

海岸线、海岸和海岸带

说到了沿海深水岸线建造港口或者造船基地，那就需要介绍一下相关概念：海岸线、海岸和海岸带。

海岸线分为岛屿岸线和大陆岸线两种，但海岸线不是一条线。这句话听起来明显地不合逻辑，但却是千真万确的。海洋与陆地的变化十分复杂。我们暂且假定陆地是固定不变的，海洋只有潮汐变化。海水昼夜不停地反复地涨落，海平面与陆地交接线也在不停地升降改变。假定每时每刻海水与陆地的交接线都能留下鲜明的颜色，那么一昼夜间的海岸线痕迹是具有一定宽度的一个沿海岸延伸的条带。为测绘、统计实用上的方便，地图上的海岸线是人为规定的。一般地图上的海岸线是现代平均高潮线。麦克特航海用图上的海岸线是理论最低低潮线，比实际上的最低低潮线还略微要低一些。这样规定，完全是为了航海安全上的需要。因为海图上的水深以这样的理论最低低潮为基准，可以保证任何时间，实际上的水深都比图上标示的水深更深，舰船按此海图航行绝对不会搁浅。

海岸是海岸线上边很狭窄的那一带陆地。简单地说，就是当我们站在那里观海时，当时海水上边的那一带陆地。不过，地貌学上的海岸就不同了。它是指现在海陆之间正在相互作用着和过去曾经相互作用过的地方。

海岸带则是指现代海陆之间正在相互作用的地带。也就是每天受潮汐涨落海水影响的潮间带（海涂）及其两侧一定范围的陆地和浅海的海陆过渡地带。

钢铁"浮"起来

思考一下，现代的大轮船动辄就是用上千、上万吨钢铁造成的，钢本来就比水重7倍多，再加上船里所载的货物如粮食、机器、建筑器材等也都比水重得多，那么，为什么船还能漂浮在水面上呢？

我们先来做一个实验。我们把吃饭用的铁碗放在水面上，会看到它漂着，如果把同样重的铁块放在水面上，铁块就会沉入水底，这是因为铁碗比铁块在水中占的体积大。钢的比重大，实心的钢块在水中自然是要沉下去的，但造大轮船时，并不是把钢块堆积起来，而是使轮船中的大部分是空的。轮船就好像一个大铁碗，它在水中占了很大的体积，使船受到的浮力大于船的重量，船就浮在水面上了。如果船舱进了水，就会使船的重量增加，而浮力相对减小，当重量超过浮力时，船就会遇难，沉入水底。

满载货物的大轮船在大海中航行，就要考虑到海水的不同比重（物体的重量与其体积的比值）。不同的季节，不同的海域，海水的比重会不同。比如，夏天，海水温度升高，体积膨胀，比重就减少；冬天，比重又会增加；在各个海洋里，海水含盐的多少不一样，印度洋的海水含盐少一些，比重就小；北大西洋海水含盐多，比重就大。

为了保证安全，各种轮船上都有船舶载重的标志，俗话叫作"吃水线"，通常指船舶夏季载重线，用S表示。船舶的载重和自身的"吨位"密不可分，吨位实际上就是船舶在水中所排开水的吨数，也是船舶自身重量的吨数。船越重，吃水就越深（浸没在水下的体积就越大），这意味着船所排开水的重量越大（吨位越大），船所受的浮力也越大，也就可以装载更多的东西。

因而，一艘满载货物的轮船，在比重较大的海水里航行，吃水很深，一旦航行到比重小的海里，它受到的浮力变小，就会加深吃水量，倘若再遇到大风浪，就可能会发生危险。这也是为什么，季节和风浪对于航海至关重要的原因。

世界最大海岛人工港
——上海洋山深水港

建深水港成为时代发展需要

　　20世纪90年代，上海港口贸易量发展迅速，但是也遇到了瓶颈，主要是黄浦江内码头岸线已经用完，没有深水泊位，长江口进港航道水深太浅，远不能适应集装箱船舶大型化发展要求。因此，跳出黄浦江，越过长江口，到大海建深水港，成为时代发展的需要。

5.8亿吨：上海港吞吐量世界第一

　　大型港口是推动区域经济发展的重要战略资源。18世纪以来，随着世界经济增长重心从欧、美到东亚的三次转移，世界航运的重心也经历了从西欧到北美，再到东亚的转移。尤其随着中国经济崛起，这一趋势愈加明显。在2008年的世界十大港口排名榜上，中国独占其六：上海、香港、深圳、广州、宁波、舟山和青岛等6家港口跻身世界港口十强。其中上海港以5.8亿吨的货物吞吐量，连续4年占据世界第一位；以2801万箱集装箱吞吐量超过香港，居第二位，并迅速拉近与新加坡港的距离。2010年，上海港更是以2905万标准箱的吞吐量，一举成为世界第一大港；此后两年，上海港又连续两年蝉联世界第一。

　　上海是中国的经济中心和最大的贸易港口，早在唐宋时期，就已初步形成繁荣的外贸口岸。1843年11月17日上海港正式对外开放，到第一次世界大战前后，上海港已建有万吨级钢筋混凝土码头，部分码头和仓库已安装起重机械。1931年，上海港口货物吞吐量达1398万吨，进出口船舶吨位名列世界第七位。抗日战争爆发后，上海港逐步衰落，设施遭到严重破坏，到1949年港口货物吞吐量仅剩194万吨。

中华人民共和国成立后，上海港逐步得到恢复，1984年上海港货物吞吐量首次突破1亿吨，从而进入世界10个亿吨大港行列。2000年，上海港货物吞吐量跃上2亿吨台阶，此后呈现爆发性增长：2003年突破3亿吨；2004年货物吞吐量完成3.79亿吨，首次超过荷兰鹿特丹港，成为世界第二大货运港口；2005年吞吐量达4.43亿吨，跃居世界第一大货运港；2006年首次突破5亿吨，达5.374亿吨，占全国港口总吞吐量的12%。

代表区域贸易能力的集装箱吞吐量方面也呈迅猛发展趋势。1978年上海港开辟首条中国至澳大利亚集装箱班轮航线，当年的吞吐量不足2000标准箱。此后，上海港的集装箱运输迅猛发展。1984年集装箱吞吐量首次突破10万箱；1994年突破100万箱；2003年突破1000万标准箱，跃居世界第三位；2006年首次突破2000万标准箱。2007年，上海港集装箱吞吐量突破2600万标准箱，超过香港跃居全球第二，与新加坡港的差距仅有200万标准箱。从2010年开始，上海港取代新加坡港，成为世界第一大港。

上海因港而兴，也长期受长江口地区缺乏天然深水港址困扰。从当前国际港口情况看，深水港已发展到装卸第四、第五代乃至第六代集装箱，其航道水深在－14米以下，而上海黄浦江的航道水深在－10米左右，进入上海的咽喉长江口则更是只有－7.5米，即使是经过浩大的长江口整治工程实行疏浚后，也只能达到－12.5米。从长远看，上海必须突围，必须建造深水外港。

大小洋山岛建深水港重大战略决策

1992年，上海市将深水港建设列为上海新一轮城市基础设施建设十大工程之首。专家先后对北上（罗泾）、东进（外高桥）、南下（金山咀）等建港方案进行过论证，但都因航道水深不够、岸线不足等原因而作罢。1995年9月，专家提出跳出长江口，在距上海南汇芦潮港约30千米的大、小洋山岛建深水港的设想。

自1996年5月正式开展洋山深水港区选址论证，到2002年6月开工建设，历时6年多，共有国内外近200家专业研究机构和高等院校6000多人次的科研人员参与了新港址论证和项目前期工作，完成专题研究200多项。

大、小洋山岛属浙江嵊泗县洋山镇，大洋山港域可利用的深水岸线长度在10千米至30千米之间，建港条件更为优越，几乎不需引桥，一般贴岸水深已在20米以上。此处航道顺直，最浅处为-12米，港区水深在16～40米之间，专家勘测后认为，只要对其10千米左右的一段水深在-12米左右的进港航道稍加疏浚，就可在此建成可泊第四、第五代以上集装箱轮的贴岸式泊位50个，节省巨大的码头修建投资，此处岸线背后陆域平坦，堆场宽阔，另有240万平方米的滩涂可辟建为堆场或加工区。

大、小洋山岛历史悠久，早在明清期间，大、小洋山同为江浙屏障、海防要地。为了落实中央关于建设上海国际航运中心洋山深水港区的重大战略决策，2003年6月，小洋山岛上1423户居民（共3553人）已全部搬离小洋山。

自2002年至2020年分三期实施的洋山港港区规划总面积超过25平方千米，包括东、西、南、北四个港区。按一次规划，分期实施的原则，工程总投资超过700亿元，其中2/3为填海工程投资，装卸集装箱的桥吊机械等投资约200多亿元。

洋山深水港概况

洋山深水港是世界上最大的海岛型深水人工港，港区位于浙江嵊泗县崎岖列岛以北，距上海市南汇芦潮港东南约30千米的大海里，由大、小洋山等十几个岛屿组成，平均水深15米，是距上海最近的天然深水港址。港口北距长江口72千米，南距宁波北仑港90千米，向东经黄泽洋水道直通外海，距国际航线仅45海里，扼守亚洲—美洲、亚洲—欧洲两大国际航线要道，是上海港的中转集装箱码头，也是上海打造国际航运中心的核心工程。

洋山深水港的关键第一步——东海大桥

在上海6000多平方千米的土地上，已经有的桥梁，主要是依黄浦江、苏州河而建的，而东海大桥则是第一座真正意义上的外海跨海大桥。东海大桥的建成通车，为洋山深水港建成开港，加快上海国际航运中心的建设奠定了基础。

东海大桥的建成，是将洋山深水港建设成为东北亚国际航运枢纽的关键一步。洋山深水港的选址，经全国一百多位两院院士和九百多位专家学者6年的论证才最终确定——起始于上海南汇芦潮港新老大堤之间，跨越杭州湾北部海域，直达浙江省嵊泗县崎岖列岛的小洋山岛。这也是东海大桥的起止位置。

东海大桥是上海国际航运中心深水港工程的一个组成部分，全长约32.5千米，其中陆上段约3.7千米，芦潮港新大堤至大乌龟岛之间的海上段约25.3千米，大乌龟岛至小洋山岛之间的港桥连接段约3.5千米。大桥按双向六车道加紧急停车带的高速公路标准设计，桥宽31.5米，设计车速每小时80千米，设计荷载按集装箱重车密排进行校验，可抗12级台风、7级烈度地震，设计基准期为100年。东海大桥是连接陆地与洋山深水港北港区的交通"生命线"，必须要满足港区2020年的集疏运需求，同时，规划还预留了连接洋山港南港区的联络通道和铁路上岛的可能性。东海大桥被上海市政府列为"一号工程"。

东港区：能源作业港区

东港区为能源作业港区，分二期建设。一期工程包括LNG（液化天然气）接收站和海底输气干线，建设规模为每年进口300万吨LNG，每年可向上海市区供应约40亿立方米LNG。目标是成为国际一流水平的清洁能源供应基地，与西气东输、东海天然气形成多气源供应局面，共同保障上海的能源安全。其中，LNG接收站位于洋山深水港区中西门堂岛，主要建设3座16万立方米LNG储罐、3台LNG卸料臂及其他相应的回收、输送、气化设施和公用配套工程，占地39.6公顷，并预留二期扩建场地。LNG专用船码头包括一座8万至

20万立方米LNG专用船码头及重件码头配套设施等。用LNG船运来的进口天然气将通过东海大桥预设的40千米长的海底输气管线送到临港新城输气站，进入上海城市天然气高压主干网系统。

东港区还是远东最大的成品油中转基地，规划建设1900米长的油品码头作业区，这是一座国家战略储备油库，共分三期建设。一期工程是成品油库和生产生活设施区，2009年3月投入使用，可储成品油42万立方米；远期工程完成后可储存成品油270万立方米，将用中小型油轮转运至上海等地。

南港区以大洋山本岛为中心，西至双连山、大山塘一带，东至马鞍山，将作为洋山港2020年以后的规划发展预留岸线。

北、西港区：集装箱装卸区

北港区、西港区为集装箱装卸区，是洋山港的核心区域。规划深水岸线10千米，可布置大小泊位30多个，可以装卸世界最大的超巴拿马型集装箱货轮和巨型油轮，全部建成后年吞吐能力可达1300万标准箱以上，约占上海港集装箱总吞吐量的30%，单独计算可跻身世界第五大集装箱港。

北港区以小洋山本岛为中心，西至小乌龟岛、东至沈家湾岛，平均水深15米，岸线全长5.6千米；分为三期建设。一期工程由港区、东海大桥、沪芦高速公路、临港新城等四部分组成。2002年6月开工，2005年12月竣工，总投资143亿元。共建设5个10万吨级深水泊位，前沿水深15.5米，码头岸线长1600米，可停靠第五、第六代集装箱船，同时兼顾8000标准集装箱船舶靠泊，陆域面积为1.53平方千米，堆场87万平方米，年吞吐能力为220万标准箱。

作为配套工程的东海大桥于2002年6月开工，2005年5月25日实现结构贯通。沪芦高速公路北起外环线环东二大道立交南，至东海大桥登陆点，全长43千米。

北港区二期工程东端与一期工期相连，于2005年6月开工，2006年12月竣工，总投资57亿元。共建设4个10万吨级泊位，前沿水深15.5米，码头岸线长1400米，陆域面积为0.8平方千米，吹填沙400万立方米，堆场86.1万平方米，年吞吐能力为210万标准箱。

北港区三期工程分两个阶段建设，一阶段工程2007年12月竣工，二阶段工程2008年12月竣工，总投资170亿元。共建7个10万吨级泊位，前沿水深17.5米，码头岸线长2650米，其最东端可停泊15万吨油轮。陆域面积5.9平方千米，年吞吐能力为500万标准箱。

　　三期工程顺利竣工，标志着洋山深水港北港区全面建成。北港区现已建成16个深水集装箱泊位，岸线全长5.6千米，年吞吐能力为930万标准箱，总面积达到8平方千米。更加壮观的是，在连成一片的码头上，整齐地排列着60台高达70米的集装箱桥吊，这些庞然大物每天可装卸3万只集装箱。规模如此庞大的港区工程能在短短6年半时间里完工，这在世界港口建设史上也是罕见的。

　　根据建设规划，从2009年开始，洋山深水港区建设的重点将转移至西港区。西港区紧邻东海大桥，平均水深12米，码头岸线总长4000米，将建设10～12个7～10万吨级的集装箱专用泊位，陆域面积约2平方千米，年吞吐能力为700万标准箱。该港区是一个江海联运的集散中心，重庆、武汉、南京等沿江内陆港口的中小型船舶将由此集散，再通过北港区转运至世界各地，大大提高洋山港的水水中转能力，强化上海国际航运中心的核心作用。

　　西港区计划2010年交付第一批泊位，2011年再交付一批，至2013年全面建成。为了满足洋山深水港区运营管理的要求，还将布置若干个工作船码头。此外，根据上海市和浙江省的有关协议，还将在西港区建设洋山客运中心，为往来嵊泗、岱山、普陀山、舟山本岛的人员、车辆提供便利。

构建海陆空联运网

　　洋山港建成后每年要周转上千万只集装箱，公路运输是洋山港集装箱集散的主要途径，近70%的货物要经过东海大桥联通公路网络向周边地区辐射。作为配套工程，铁道部和上海市投资76亿元，修建了全长117千米的浦东铁路，将芦潮港与华东铁路网相连，为洋山深水港建立了一条集装箱海铁联运的通道。

　　集装箱在进入洋山港区后，装车经东海大桥运进芦潮港站的路程大约需要50分钟。转运列车把集装箱从芦潮港站运到阮巷站，约需40分钟。然后列车再经金闽铁路支线、沪杭线、沪宁线就可把货物转运到全国各地。此外浦

（竖排）YAOYAN DUOMU DE SHIJIE DIYI

东国际机场的扩建工程也已完成，满足洋山港"海空"联运的需要。

洋山深水港观光游览区地处小洋山岛，面积约1.5平方千米，由大观音山、小观音山和城子山3座山组成，故也有"三山岛"或"三塔岛"之称。景区共建有4座观景台，由长约2600米的游览栈道连接。位于大观音山顶141.7米处的4号观景台可以纵览整个洋山深水港的繁忙景象，将绵延10余里（约5000米）的集装箱码头尽收眼底。

人类工程技术能力的机遇和挑战

在深海中建造大型港口，是对人类工程技术能力的巨大挑战。洋山港地处风大流急的杭州湾外口，这里还是强台风经常光顾的区域。大、小洋山由十几座不相连的小岛组成，工程人员要在平均水深20多米的岛屿之间，用吹沙填海的方式将岛屿间的海域填平，造出长6千米，宽1~1.5千米，总面积8平方千米的平整陆地。这相当于在1000个足球场的面积上，将沙子堆到七层楼的高度，砂石抛填总量超过1亿立方米。经过万余名建设者6年多的努力，一座海岛超级港口终于神奇地出现在了东海之上。

海洋：天然道路

海洋虽有风涛、暗礁之险，却是平坦无阻的天然水上大道，把世界上绝大多数的国家和地区连接了起来。在没有任何航渡工具的洪荒太古时代，海洋分隔不相连接的各大陆和岛屿，成为不可逾越的障碍。人类一旦掌握了航渡工具，特别是在现代航渡工具高度发达的情况下，海洋成为世界各地交通运输的大动脉。全世界上万个大小港口通过密如蛛网的海上航线，把世界各国连通起来。

海运航线是天然的道路。人们驾驶着轮船，可以由任意的此港到达任意的彼港。海洋航路通过能力不受限制，可以多船并行、自由超越和相互交会。开辟这样的航路，不用征用土地，不要投入巨额资金和劳工，也无须日常维护与保养。

海上航道没有爬高和下坡，可节省额外的燃料消耗。海水摩擦力小，很小的动力便能推动巨大的轮船前进。海船可以设计得很大，为节省运费，已经建造了载重几十万吨的干货船和载重上百万吨的超级油轮。不难计算，一艘25万吨的矿石船装运的货物，用载重量为10吨的大卡车运输，需要25000辆；用火车运输，需要载重量为50吨的车皮5000节，以25节编组一列火车，则要编组200列火车。要知道，这样巨量的矿石，是远从巴西或澳大利亚产地，航行上万千米，运往目的地的。公路、铁路运输，怎能与海运相比！

海运可以运送各种形状、形态和尺寸的货物。固态的、液态的、气态的，颗粒状的、粉末状的，其他形状和巨大尺寸的整体货物，都可以装运。每年40多亿吨的海运外贸货物中，液态的石油占了海运量的一半左右。其次是固态的矿石、煤炭和粮食。这几种货物是海运的大宗，占了海运量的60%以上。

石油、煤炭是社会生产和人民生活的能源。特别是石油，是当代世界各国经济发展所依赖的主要能源。我国能源供应除依赖石油外，也依靠煤炭。一旦失去廉价而充足的石油供应，发达国家的经济就要瘫痪。为此，日本、美国、西欧都把从中东石油产地通往该国的航线称为"生命线"。

海洋带给了人类天然的良港和道路，是大自然给予人类的一种馈赠，所以它是人们改造和开发海洋资源的一种机遇。比如，人们填海造陆、拦海筑坝等，都是为了满足人类居住、生活和运输等各种需要。但向深海、远海的开发利用也给人们带来了无数的难题和挑战。

如建造上海洋山深水港这座海岛超级港口使用的"吹沙填海"的方法，其实就是填海造地的一种手段。"吹沙填海"的过程是：将在港池和填海区域间铺设管道，由绞吸挖泥船将淤泥绞吸到管道中，传送到填海区域。填海区域用沙袋围成圈，泵将传送过来的含水沙一起"吹"进圈内，待海水流出圈外，沙就被沙袋滤下留在圈内。积沙成丘，渐渐地，圈内海面就被不断"吹"进的沙"填"成了新陆地。

大桥如何防海水腐蚀

整座东海大桥处于海上盐（氯盐）雾"包裹"之中，所以防腐蚀设计对大桥的寿命至关重要。100年不大修是东海大桥的设计基准，这对大桥的建造材料提出了更高要求。长年浸泡于海水中的5697根钢管桩必须绝对坚实，但海水中富含的氯离子恰恰"喜好"侵蚀钢材料中的金属离子。

为攻克上述难题，建设者采用了一整套的结构防腐和提高耐久性的措施：除了管壁厚、在外壁上采取包裹玻璃钢外加环氧层的措施外，在钢管桩的底部还绑上锌块，构成重防腐涂层外加"牺牲阳极"的保护方法。所谓"牺牲阳极"，就是使用一种比钢铁更容易腐蚀的合金材料，当合金材料中的金属阳离子"自我牺牲"后，剩余的电子将布满钢桩表面，自动织就一件抵御海水侵蚀的"电子外衣"。此外，建设者对承台、立柱等结构均加大了保护层厚度；桥身采用已获得专利的掺和矿渣微粉、粉煤灰等工业废料的高性能混凝土，防腐耐久；桥面铺设高性能改性沥青，防水防渗防重压。

各式各样的人工海岸

随着科学技术和经济社会的发展，人们驾驭、改造和利用自然的能力也不断加强。人工海岸，即改变原有自然状态完全由人工建设的海岸，它的规模现在已越来越大。

我国早期较大规模的人工海岸建设与盐业有关。我国晒盐业的历史非常悠久，奴隶制社会就有了在海边煮盐的活动。春秋战国时期，位于沿海的齐、吴等国都大力发展海盐业。不过，煮海为盐的生产方式对海岸的影响不大。直到约500年前，明世宗嘉靖年间（1522—1566年），海盐开始了海水晒盐的新阶段。这一盐业生产方式的改革，导致了筑坝挡潮、拦蓄海水、修建潮水沟、盐池、道路等工程。自然的海岸面貌，从此发生了巨大的变化。渤海湾、莱州湾及苏北海岸上分布着我国最大的几个盐场。在那里修起的拦海大坝、盐场海堤成为雄伟的人工海岸。

大规模的海水养殖业也使海岸的面貌发生巨变。为了养虾养鱼，必须首先在潮滩上建起海堤和闸门，然后在堤内修建养虾池、养鱼池及供、排水工程。这些临海建起的长堤有几千米或数十千米长，宽达3米以上，可以行驶拖拉机及汽车。它们是我国近年来规模最为巨大的人工海岸，其总长度据估计近1000千米，标志着中国海水养殖业的发展和社会经济的巨大进步。

海港码头，也是典型的人工海岸。海港工程包括防波堤、港池、泊位、码头、货场、仓库、道路等，这就形成港口海岸，原来的天然海岸就不复存在了。我国沿岸大小港口有数百个之多，港口工程海岸长度也有上百千米。钢筋水泥工程是港口海岸的典型特征。

　　此外，为工业用地和城建用地而围海修建拦海大坝，标志着新的海岸线的诞生，从而也会形成人工海岸。

世界跨度最大的斜拉桥
——苏通长江大桥

完全由中国人自己创造的"世界第一"

现代斜拉桥可以追溯到1956年瑞典建成的斯特伦松德桥，主跨182.6米。历经半个世纪，斜拉桥技术得到空前发展，世界上已建成的主跨在200米以上的斜拉桥有200余座，其中跨径大于400米的有40余座。中国至今已建成各种类型的斜拉桥100多座，其中有52座跨径大于200米。20世纪90年代初，我国在总结加拿大安那西斯桥的经验基础上，于1991年建成了上海南浦大桥（主跨为423米的结合梁斜拉桥），开创了中国修建400米以上大跨度斜拉桥的先河。2008年，我国又建成了世界上跨度最大的斜拉桥——主跨达1088米的苏通长江大桥。目前，我国已成为拥有斜拉桥最多的国家。

"321"共同价值观

针对苏通大桥结构、技术、环境的难度特征，苏通大桥项目管理者凝练出"321"的苏通大桥共同价值观：以实践"三个代表"重要思想和科学发展观、构建和谐大桥为指针，服务江苏"两个率先"发展，建好世界一流的"第一大桥"。从而将中国塑造成建桥的"窗口、典范、里程碑、技术强国"。

为了把这步千米跨越走好、走稳，自建设之初，苏通大桥指挥部就实施了创新战略，通过合理规划、优化资源配置、瞄准世界桥梁科技前沿，走超常规的科技发展道路，抢占世界桥梁技术发展的制高点。在大型复杂工程建设中，政府的主导作用得到了充分体现，建立了"官—产—学—研"的科技创新体系，包括以交通部、江苏省政府等决策机构为主的引导系统，以江苏省苏通大桥建设指挥部为主的监督和管理系统，以两院院士和国内外顶级专家为主的咨询和指导系统，以相关高等院校、科研院所和国内外专业咨询机构为主的研究支持系统，以设计、施工等龙头企业为主的技术研发和应用系统。全方位地组织集中多方优势力量，以关键技术突破为重点，集成、示范、推广了一批标准化节本增效的配套技术，为核心竞争力的提高奠定了扎实的基础。

苏通大桥取得今天的成就并非偶然，它是我国桥梁建设经验积累的体现。从20世纪80年代到20世纪90年代再到新世纪，我国的桥梁建设取得了突飞猛进的发展，在桥梁跨径的突破上，从400米到1000米以上，仅仅用了10年就走过了发达国家数十年才走过的历程。而这10年，是扎实的10年，是用智慧和汗水浇铸的10年。时任科技部部长徐冠华在2006年8月视察苏通大桥时指出，中国的桥梁建设走过了一条踏踏实实、一步一个脚印的道路，从学习到跟踪到最后跨越式发展的道路绝不是一蹴而就的。

在苏通大桥建成之前，长江上已建有164座大桥。除武汉、南京等老桥外，皆为近30年所建。早期的江阴大桥，为世界第四大跨径悬索桥，润扬大桥为世界第三大悬索桥。已经通车的苏通大桥，则为第165座了。虽然在时间上不是最后一座，但空间上却是长江入海口最后一座。由于地质条件比江阴、润扬两桥更困难，因而不可能采用悬索，而只能用拉索。

完全"中国制造"

由于苏通大桥主跨达1088米，在世界上尚无此先例，当有关部门决定建造此大桥时，世界各国知名的桥梁建设公司均对此表示了关注。让国人骄傲的是，这个"世界第一"的奇迹最终完全由中国人自己创造，所有项目均不进行国际招标，全部自行设计、自行建造。

苏通大桥的总指挥游庆仲曾表示，苏通大桥是世界第一斜拉桥，我们没有造过，外国人也没造过。按照人类现有的架桥水平，我们造不了，外国公司也造不了。与其让外国公司来建，倒不如由中国人自己来建。

斜拉桥上所用斜拉索要承载大桥的全部重量，这座世界第一跨径的大桥斜拉索强度要求级别特别高，此类产品在往常被进口货长期垄断。

苏通大桥不对外招标，在众多投标者中，苏通大桥指挥部选中了上海宝山钢铁公司（简称宝钢）生产的高强度镀锌钢丝，整座桥所用的6500多吨斜拉索都由宝钢负责提供交付使用，全桥共272根，单根最长达577米，最重达58吨，设计寿命为50年，大大高于目前一般斜拉桥斜拉索25年使用寿命的要求，为世界之最。据了解，这些巨型"琴弦"是国内首次在大跨径斜拉桥上使用7毫米、1770兆帕规格高强度镀锌钢丝，它的成功使用将打破国外厂家的技术垄断并填补国内空白，保证了完全"中国制造"。

游庆仲还表示，科技创新不仅以建一座优质大桥为目标，还要以提升我国桥梁技术国际竞争力为目标，把培育企业创新能力放到建设的重要位置上，组织国内企业、整合国际资源，培育高级建桥人才。

创新之桥

跨长江，越天堑，苏通大桥的建设一直向世界证明着"中国速度"。自2003年10月10日搭设北塔施工平台到2005年5月11日承台完工，仅用578天就建造了"世界最大的群桩基础"，继而496天后的2006年9月19日，"世界最高桥塔"完工。中国桥梁建设者们求实创新，用实际行动赢得世界瞩目。中国的桥梁建设走上了一条从大国到强国的道路。

南通不再"难通"

苏通大桥位于江苏省东部的南通市和苏州（常熟）市之间，是交通部规划的沈阳至海口国家重点干线公路跨越长江的重要通道，也是江苏省公路主骨架网"纵一"——赣榆至吴江高速公路的重要组成部分，是我国建桥史上工程规模最大、综合建设条件最复杂的特大型桥梁工程。苏通大桥建成通车彻底改变了南通隔江"难通"的尴尬历史，从大桥过江到常熟只要7分钟，从此快速融入苏南板块。

苏通大桥路线全长32.4千米，总投资为78.9亿元。共用钢材约25万吨，混凝土140万立方米，填方（指的是路基表面高于原地面时，从原地面填筑至路基表面部分的土石体积）320万立方米。大桥计划建设工期为6年，该工程于2003年6月27日开工建设，2008年6月30日建成通车，实际建设工期5年。

苏通大桥工程采用了当今世界最大跨径双塔双索面斜拉桥设计，其工程之艰巨、规模之浩大、技术之高精，加上创造了"最深群桩基础""最高桥塔""最长斜拉索"和"最大主跨"四项"世界之最"的纪录，使它代表着中国乃至世界桥梁建设的最高水平，美国国家地理杂志以《无与伦比的工程》为题，对苏通大桥作了专访与报道，可见其足以堪称"长江第一桥"。

苏通大桥四项世界之最

最深基础

113座桥墩构成的跨江大桥，长达8146米，有92座桥墩立在江水之中。其中第68与69两座主塔桥墩，每墩耗资约6亿元，灌注混凝土达5万立方米，墩下由131根钻孔灌注桩组成，是在40米水深以下厚达300米的软土地基上建起来的，这是世界上规模最大、入土最深的桥梁桩基础，因此创下第一项世界纪录。

最高桥塔

两座主塔桥墩上，各竖立一座"人"字形的巨塔，每塔高达300.4米。这远远超过日本多多罗大桥的桥塔，也比香港昂船洲大桥的桥塔高出6米，雄踞世界最高桥塔的宝座，创下第二项世界纪录。

最大主跨

每座桥塔，向两侧双面延伸各68根钢拉索，总共136对、272根，组成4组"人"字形，每组有34个"人"字。2088米的主桥，就靠这136对构成"人"字的拉索，牵引着4.6万吨重的桥面钢梁。两主桥墩的跨径为1088米，比苏通大桥建成前的世界最大跨径斜拉桥——日本多多罗大桥的890米，要长出198米；比后来建成的香港昂船洲斜拉桥的1018米跨径，也要长出70米。这是第三项世界纪录。

最长拉索

这4组"人"字形拉索，越向外越大，其最外端的4个"人"字最大。这8根拉索每根长达577米、重达59吨，比日本多多罗大桥的最长斜拉索要长出100多米。这就创下第四项世界纪录。

苏通大桥之所以斥巨资修建如此巨大的塔桥墩，就是为了确保整个长江黄金水道的通海航运。它主跨1088米，使主航道净宽891米，桥净高62米，可通过5万吨级的集装箱货轮。

挑战世界级难题

苏通大桥坐落在长江入海口，地质复杂，气象条件恶劣。说起建桥的难处，负责施工的中交第二航务工程局（简称二航局）副局长刘先鹏最有体会。开工伊始，他们就发现入海口河床遍布粉细砂，爱"跑路"，这极大影响了拉住钢索的桥塔"底盘"的稳定性。

如何才能让"底盘"稳如磐石？经过一系列的精确论证，刘先鹏带领工人日夜施工，连续扔下58万立方米袋装砂石，给河床披上顺江380米、横江280米的防冲刷"铠甲"，让桥塔"底盘"稳坐江中。尽管经历连续两年的长江大汛，但"铠甲"无损，河床如初，冲刷防护设计与施工"世界鲜见、国内首次"。

在基础施工时，正逢长江大汛。二航局搭建施工平台，试着打下12根钢管桩，每根重达14吨，可一夜之间12根钢管桩就被江水冲毁了。一般情况，只能再过两个月重新动工。可是时间期限不等人，建设者们只能独辟蹊径，直接采用钻孔桩钢护筒支撑，这种打桥基的设施，直径大、壁厚、持力强，来回流淌的江潮也奈何不了。不久，一座半个足球场大的平台出现在浩瀚的长江上，建设者们顺利地将131根桩打入长江，造就世界规模最大、入土最深的群桩基础，节约资金近2000万元。

水上工程也不轻松。"十枚钱币摞起来很简单，二十枚摞起来也不难，如果一百枚、二百枚摞起来保持不倒的话，就需要超凡的技术了。"苏通大桥总指挥游庆仲形象地说明了世界最高桥塔——300.4米的苏通桥塔的建设难度。苏通大桥的建设者们凭着一股韧劲，在上塔柱首次采用钢锚箱外包混凝土技术，引进国际最先进的液压爬模施工塔柱，即混凝土浇筑完成并经过一定时间的养护后，自动液压爬模系统的模板会自动升降。运用这一系统，他们创出3天爬升4.5米的极限速度，在梁与柱会合处实现了异步法施工"零等待"。改进后的爬架组合方式可以让6层爬架在高空自如组合，极大地方便了高空施工，外国公司纷纷赶来"取经"。

经过500多个日日夜夜的奋战，苏通大桥主塔施工终于在10月5日顺利封顶。经过专家检测，桥塔的混凝土质量优良，塔顶平面仅偏差7毫米，垂直度偏差仅为四万分之一，各项指标均优于设计和规范要求。

不得不知的桥

桥梁是生活中常见的建筑物，为人们的交通出行提供了很大的便利。但也正因为常见，很多人反而忽视了对桥梁的了解。下面介绍一些桥梁的相关知识，它能帮助我们加深对桥梁的认识。

桥梁三大类

桥梁大体可以分为三大类：梁桥、拱桥和悬索桥（吊桥）。

梁桥一般建在跨度很大，水域较浅处，是以受弯为主的主梁作为主要承重构件的桥梁，由桥柱和桥板组成，物体重量从桥板传向桥柱。主梁可以是实腹梁或者是桁架梁（空腹梁）。实腹梁外形简单，制作、安装、维修都较方便，因此广泛用于中、小跨径桥梁。但实腹梁在材料利用上不够经济。桁架梁中组成桁架的各杆件基本只承受轴向力，可以较好地利用杆件材料强度，但桁架梁的构造复杂、制造费工，多用于较大跨径桥梁。桁架梁一般用钢材制作，也可用预应力混凝土或钢筋混凝土制作，但用得较少。过去也曾用木材制作桁架梁，因耐久性差，现很少使用。实腹梁主要用钢筋混凝土、预应力混凝土制作。实腹梁桥的最早形式是用原木做成的木梁桥和用石材做成的石板桥。由于天然材料本身的尺寸、性能、资源等原因，木桥现在已基本上不采用，石板桥也只用作小跨人行桥。

拱桥一般建在跨度较小的水域之上，桥身成拱形，一般都有几个桥洞，起到泄洪的功能，桥中间的重量传向桥两端，而两端的则传向中间。

拱桥是以承受轴向压力为主的拱圈或拱肋作为主要承重构件的桥梁，拱结构由拱圈（拱肋）及其支座组成。拱桥可用砖、石、混凝土等抗压性能良好的材料建造；大跨度拱桥则用钢筋混凝土或钢材建造，以承受发生的力矩。拱桥为桥梁基本体系之一，一直是大跨径桥梁的主要形式。拱桥建筑历史悠久，20世纪得到迅速发展，50年代以前达到全盛时期。古今中外名拱桥（如赵州桥、卢沟桥、悉尼港桥、克尔克桥等）遍布世界各地，在桥梁建筑中占有重要地位，适用于大、中、小跨径的公路桥和铁路桥，更因其造型优美，常用于城市及风景区的桥梁建筑。

悬索桥是如今最实用的一种桥，可以建在跨度大、水深的地方。早期的悬桥就已经可以经住风吹雨打，不会断掉，现在的悬桥基本上可以在暴风来临时岿然不动。

悬索桥是桥面支承在悬索（通常称大揽）上的桥，是"悬挂的桥梁"之意，故译作"吊桥"；其悬挂系统大部分情况下用"索"做成，故又叫作"悬索桥"。与拱桥用刚性的拱肋作为承重结构不同，其采用的是柔性的悬索作为承重结构，悬索的截面只承受拉力。简陋的只供人、畜行走用的悬索桥常把桥面直接铺在悬索上，通行现代交通工具的悬索桥则不行，为了保持桥面具有一定的平直度，需将桥面用吊杆挂在悬索上。而为了避免在车辆驶过时，桥面随着悬索一起变形，现代悬索桥一般均设有刚性梁（又称加劲梁）。桥面铺在刚性梁上，刚性梁再通过吊杆吊在悬索上。现代悬索桥的悬索一般均支承在两个塔柱上。塔顶设有支撑悬索的鞍形支座。

斜拉桥与悬索桥

前面说到，苏通大桥由于地质条件恶劣，因而采用了拉索形式。斜拉桥作为拉索体系，也是吊桥的一种。它与梁式桥的不同是，跨越能力更大，是大跨度桥梁的最主要桥型。

斜拉桥是将梁用若干根斜拉索拉在塔柱上的桥，因而它由梁、斜拉索和塔柱三部分组成。斜拉索的水平力由梁承受，梁除支承在墩台上外，还支承在由塔柱引出的斜拉索上。

斜拉桥承受的主要荷载并非它上面的汽车或者火车，而是其自重，主要是主梁。以一个索塔为例，索塔的两侧是对称的斜拉索，通过斜拉索将索塔主梁连接在一起。现在假设索塔两侧只有两根斜拉索，左右对称各一根，这两根斜拉索受到主梁的重力作用，对索塔产生两个对称地沿着斜拉索方向的拉力，根据受力分析，左边的力可以分解为水平向左的力和竖直向下的力；同样的右边的力可以分解为一个水平向右的力和一个竖直向下的力；由于这两个力是对称的，所以水平向左和水平向右的两个力互相抵消了，最终主梁的重力成为对索塔的竖直向下的两个力，这样，力又传给索塔下面的桥墩了。斜拉索数量再多，道理都是一样的。之所以要很多根，主要是为了分散主梁给斜拉索的力而已。这成了斜拉桥和悬索桥最大的区别。

并且，悬索桥的吊杆一般都是竖直的，吊杆锚固在悬索上，荷载通过吊杆把力传递到悬索上，所以悬索是主要承力构件，因而悬索一般要锚固在两岸的岩石中或者需要做一个很大的砼基础来锚固。因为是悬索主要受力，悬索的伸缩性就比较大，所以一般悬索桥都是柔性体系桥。而斜拉桥荷载通过斜拉索传递到塔柱上，所以塔柱需要承受比较大的水平力。由于斜拉索的长度比较短，且刚度比较大，所以斜拉桥属于刚性体系桥。

一般来说，在300~1000米这一跨径范围，斜拉桥与悬索桥相比，斜拉桥有较明显优势。德国著名桥梁专家认为，即使跨径1400米的斜拉桥也比同等跨径悬索桥的高强钢丝节省1/2，其造价低30%左右。

守护强风中的吊桥

建造大型吊桥不止要考虑到桥体本身的耐用性和稳固性，还需要考虑到许多外界因素的影响，比如说强风，甚至是台风。

1940年，美国曾发生过因强风灾害而使刚完工的吊桥崩坍的事故。这场事故引起了轩然大波，桥梁设计师们开始寻找"病因"。可是桥在设计上并没有大的问题，而且桥所受的载荷也远远没有超过许可的范围，那么为什么会产生断裂呢？原来，这幕后的"元凶"是共振。

那么，究竟什么是共振呢？物体会发生振动，物体的振动一般认为只由物体自身策动，但并不绝对，有的时候，外部的环境也会对物体施加一个策动力，这个外加的策动力和物体自身的策动力共同作用，使得振动加强，这就是共振。物体自身的策动力是有一定频率的，它使得物体振动起来后，振动频率就稳定在一个数值上，这个振动频率就叫作"固有频率"。外加的策动力通常来自另一个振动源的振动，它也有一定的频率，叫作"外加策动力频率"。科学研究表明，只有在外加策动力频率等于或接近于固有频率的时候，共振现象才明显，这时候，振动源的振动幅度最大，破坏作用也最大。

美国的吊桥崩塌正是由于桥在风（外加的策动力）的作用下使大桥产生了共振，而且振幅不断增大，直至超过了大桥的张力，大桥最终倒塌。

这起事故大大地改变了往后巨型吊桥的设计施工方案。振动控制成为桥梁抗风设计中一个非常重要的环节。目前，包括已建成的苏通长江大桥和正在建的所有桥梁结构的抗风措施，主要从改善断面的气动性能、提高结构的整体刚度和增加结构的阻尼三方面来着手。

气动措施是通过附加外部装置和结构的截面外形，改善其周围的绕流状态，从而提高抗风稳定性，减小风致振动的幅度。气动措施主要用于提高桥梁的气动稳定性（颤振、驰振）和减低涡振、抖振。引起桥梁振动的风荷载的性质与桥梁结构的外形有非常密切的关系，在不改变桥梁结构与使用性能的前提下，适当改变桥梁的外形布置或者附加一些导流装置，往往可以减轻桥梁的风致振动。常见的行之有效的措施主要有：

1.加强风嘴、导流板、稳定板等。其作用是使主梁断面接近流线型，避免或推迟旋涡脱落的发生，增大主梁竖向振动的空气阻尼。此外，还有人研究将导流板做成可变结构，通过主动控制手段来提高减振效果。

2.对主梁附属装置如人行道、栏杆、防撞栏杆、检修车轨道等的位置和形状做适当调整，以改善主梁的空气动力学特性。

3.在斜拉索的表面制造凹痕或者螺旋线，可以减轻拉索风雨振的程度。

增加结构的总体刚度是通过结构措施来提高气动稳定性以降低风振响应。显然，在满足结构强度的情况下增加刚度，会导致结构复杂、增加材料用量、提高成本，同时也失去了高强轻质材料的优势，故在实际中应用得很少。

增加结构的阻尼（任何振动系统在振动中，由于外界作用或系统本身固有的原因引起的振动幅度逐渐下降的特性）或附加一定质量的重物也可以提高结构的气动稳定性以降低风振响应。这种措施称之为机械措施，因其控振效率高、在结构上易于实现等众多优点，得到了广泛应用。在实际操作中，主要采用拉索、耗能器和阻尼器这三种方式。

世界最大填海造地工程
——上海临港新城

人类生存的第二空间

　　填海造地是指把原有的海域、湖区或河岸转变为陆地。对于山多平地少的沿海城市，填海造地是一个为市区发展制造平地的很有效方法。世界上不少沿海大城市，例如东京、香港、澳门及深圳，均采用该法制造平地。

江河淤海成陆——自然界的新陆地

　　仔细观察地形图，大江大河入海口的地方，都有顶端指向上游的三角形冲积平原。这种江河泥沙淤积成陆的三角形平原，地理学上叫作"三角洲"。

　　三角洲地势平坦，土地肥沃，水源充足，交通便利，大多成为工农业高度发达的地区。欧洲第一大港荷兰的鹿特丹，就坐落在莱茵河三角洲上。中国的上海港是长江三角洲上的城市；广州、深圳、珠海、香港、澳门则居于珠江三角洲经济区。现代黄河三角洲，是1855年黄河改道从山东省利津县入海以后生成的，只有110多岁，是世界上最年轻的三角洲。现代黄河三角洲，以利津县为顶点，像一把打开的折扇，面积约6000平方千米。广义的现代黄河三角洲，包括山东省东营市、滨州市的广大地区。这里有我国第二大油田——胜利油田。胜利油田的新开发区——孤东油田坐落在黄河最新淤积的最年轻的土地上。三角洲不断向海推进，使油田由难度极大的浅海开发变成难度较小的陆上开发。为加快开发黄河三角洲，山东省正在实施"黄河三角洲开发战略"。随着黄河水利的根治，东营市、滨州市经济的崛起，黄河三角洲将与长江三角洲、珠江三角洲比翼齐飞。

据统计，我国江河泥沙淤积成陆，除去海岸蚀退面积，每年净增土地约为3.33万公顷。因此，从理论上讲，江河淤海成陆是一项持续不断、无限增长的土地资源。

人类填海造陆兴起

从江河淤海成陆的现象中，人们得到了填海造地的启示。填海造地是人类向海洋空间发展的又一重要活动。荷兰、日本是向海洋索取土地最著名的国家实例。日本国土狭小而且多山。沿海河口平原仅占国土面积的20%。历史上，日本曾为扩大耕地不断填海造地，现代日本则为获取工业及居住用地大规模填海造地。

荷兰近代最大的填海工程是须德海工程。须德海原是一个深入内陆的海湾。湾内岸线长达300千米，湾口宽仅30千米。1932年，荷兰人民筑起宽90米，高出海面7米的拦海大堤，把须德海湾与北海大洋隔开。此后，不断地把湾内的海水抽出，到1980年，造地2600平方千米。剩下的大约一半面积也改造成了一个巨大的淡水湖。

荷兰人民以愚公移山的精神填海不止。在现代机械出现之前，荷兰人民以风车为动力挖泥和排水。因此，风车成为这个低地国家的代表景观。

围海造地在我国也有悠久的历史。1949年新中国成立以来，全国共填海造地120万公顷，其中，江苏省约为45万公顷，占全国总数的40%。20世纪80年代以前，我国的填海造地大多用于农业，在海涂的外缘修筑堤坝，把坝内的海水排干，并引淡水冲洗土中盐分，土中盐度逐渐降低，使其成为良田，因此将这种方式称为围垦。到80年代以后，我国也为获取工业及城镇建设用地而大规模填海。

人类探索水下生活

对于海洋利用，人们的最高理想是海底居住、生活。现在围垦造地形成的人工岛、海上城市，仍然只是与海水隔绝的生活、居住空间。而海底生活、居住则要求人与海洋真正融为一体。那么，人类要实现海底居住、生活要克服怎样的困境呢？

其实，人类海底居住的许多问题与航天有相同之处。这些问题包括呼吸问题、压力问题、失重问题。为了实现人类海底居住，科学家们一直没有停止过研究和试验。早年，法国的杰克·库斯托和美国的乔治·邦德做过成功的试验。

1963年，库斯特等7人进入一个名为"海星屋"的水下居室。他们在10~30米水深的海底生活了30天，靠海面支援船供应的氦氧混合气体呼吸。"海星屋"外系留着一艘小型潜艇，供屋内人员外出工作。库斯托等人非常满意他们的水下生活，以至失去了重返海面的兴趣。不过，他们在氦氧空气中生活也遇到了困难。由于氦氧混合气体传播声音的性能与正常空气不同，他们互相讲话时，听起来很混杂，就像一群鹅在吵架。

为什么不使用正常空气呢？原来，正常空气由大约4/5的氮气和1/5的氧气组成。在水下高压中，空气溶入人体组织和血液中的数量增大，就像密封加压的汽水瓶中，溶解有较多的气体道理相同。虽然当空气在海底高压下溶入人体达到饱和状态时，人体并无不适，且可长期生活、工作（这一事实说明人类可以在高压的水下生活），但是，如果潜水员上浮减少水深和压力时，没有非常缓慢地进行，溶入人体组织和血液中的空气就会不能顺利排出，人就会得致命的"减压病"。特别是空气中的氮气，对人体组织有麻醉作用，危害极大。为此，人们想到使用惰性气体氦或氖代替氮气，与氧气混合供海底人员呼吸。同时，在岸上或支援船上设置"减压室"，潜水员出水后，进入减压室缓慢减压，使溶入人体内的空气排出，重新适应地面生活。

水下的各种实验室为人类提供了海底行动的基地。通过它们，可进行海洋生物、海洋地质、海洋水文、物理、化学等方面的现场观测，也可通过它们勘探海底石油、天然气，建造水下工程设施，以及进行水下反潜警戒监测等。

海洋工程建筑业发展前景广阔

海洋工程建筑业是指在海上、海底和海岸所进行的用于海洋生产、交通、娱乐、防护等用途的建筑工程施工及其准备活动。货流滚滚的海港码头，沟通世界的海底光缆，提供能源的海洋钻井平台，连接海湾两岸、大陆与海岛间的跨海大桥、海底隧道……这些五花八门的工程设施，都属于海洋工程建筑业——海洋经济的一个重要组成部分。

海洋工程建筑业既是一个独立的海洋产业，又与其他海洋产业的发展有着密不可分的联系。可以说，海洋工程建筑业是海洋经济发展的基础产业。比如，海洋渔业需要海水养殖、大型人工渔礁等海洋工程建筑；海洋船舶的建造首先需要船台船坞等工程设施；海洋交通运输业的发展又与港口、码头、航道等海洋工程密切相关；在海洋油气业、海水综合利用业等其他海洋产业发展中，海洋工程建筑业也都具有举足轻重的作用。

如何加快海洋工程建设的发展？国家海洋局的相关专家认为，应该重点统筹好三个关系，确保产业的可持续发展。

首先，统筹好海洋工程与经济发展的关系。既要大力发展海洋工程建筑业，充分发挥其对海洋经济发展的推动作用，同时更要科学发展海洋工程建筑业，以减少它所带来的环境问题对海洋经济的制约。

其次，统筹科学论证与依法管理的关系。各级海洋行政管理部门既要严格执行海域使用论证和海洋环境影响评价等制度，进行海洋工程项目科学论证，同时也要严格按照法律、法规和规定的要求，认真履行管理职责。

最后，统筹海洋工程与生态保护的关系。在探索海洋生态资源补偿机制的同时加强资源与环境保护工作。在海洋工程项目的海洋环境影响评价报告和海域使用论证报告中应体现自然资源和生态环境损失补偿的内容，并建立相关的生态资源补偿机制，使生态补偿具有合法性和可操作性。同时，要建立健全海洋生态环境监测监控体系，切实提高海洋生态环境的监管监控能力。

随着人们对海洋的开发利用，海洋经济不断发展，海洋工程的种类越来越多，对沿海地区经济发展和社会进步发挥了重要作用。

2008年，我国海洋工程建筑业实现增加值411亿元，占海洋生产总值的1.4%。沿海各地也不断加大海洋基础设施建设投入力度，沿海港口的改、扩建，大大提高了港口的运输能力，促进了临港工业的发展，带动了港口城市整体经济的发展。一座座跨海大桥的通车，在推动海洋经济发展的同时，也大大带动了周边地区经济的发展，对整个地区的经济、社会发展具有深远的战略意义。

进入21世纪后，一种特殊的海洋工程——围填海，规模迅速扩大。围填海活动从传统的农业围垦迅速转变为建设用围填海，主要为临海工业、城镇和基础建设提供建设空间。据初步统计，近5年来，平均每年用于这方面的围填海面积达120~150平方千米，围填海在支持沿海地区经济发展、缓解建设用地供给矛盾、减轻耕地保护压力等方面发挥了重要和积极的作用。

但随着海洋工程业的快速发展，以及围填海规模的迅速扩大，也产生了一些隐忧和问题，如何合理规划布局海洋工程施工、减少生态环境影响、采取科学方式进行围填海，以及如何有效地对海洋工程建筑项目进行监督管理等，引起了社会各界和各级海洋行政主管部门的关注，各级政府也先后出台了一系列政策措施加以规范。

未来上海中心城区的重要辅城

临港新城位于上海东南端——南汇芦潮港，距上海市区50千米，规划面积296.6平方千米（现扩展为311.6平方千米，相当于1/3个香港，或者20个澳门的面积），是洋山深水港的配套工程之一，于2003年11月30日正式启动。由主城区、重装备产业区、物流园区、主产业区、综合区5个功能区域组成的临港新城，依托洋山国际深水港、浦东国际航空港的区位优势，是上海国际航运中心建设的重要组成部分和核心功能区，在上海新一轮发展中具有举足轻重的地位与作用，也是未来上海中心城区的重要辅城。

临港新城总体规划

建国初期，芦潮港还是一片荒滩，是"野兔做窝场"，还是"抓把土能腌菜，舀碗水当盐汤"的盐碱地。现在这里开始成为上海市的金尖角。这里将以滴水湖为中心，建成上海临港新城。"临港"不仅是临洋山深水港，还要与浦东机场这个航空港相接。最终建成的临港新城，将是空运、海运、铁路和高速公路运输都很便利的现代城市。在上海,有一种说法是:(20世纪)90年代看浦东,21世纪看临港新城。

临港新城东临东海,南与普陀山、嵊泗、大小洋山隔海相望,交通便捷,距离浦东国际机场27千米,距离洋山深水港32千米,距离东海大桥5千米。按照规划,到2020年,临港新城将成为上海东南地区最具集聚力和发展活力的中等规模滨海城市,并依托上海唯一深水港——洋山港成为辐射长三角的巨型物流基地。

临港新城总规划面积311.6平方千米,其中由填海而成的陆域占45%,是目前世界上最大的填海造地项目(这一称号将被在建中的唐山曹妃甸工程取代,曹妃甸工程规划的填海面积将是上海临港新城的3倍)。在临港新城开发中,总计需要填海20万亩,即133.3平方千米,仅填海所耗费的成本就高达400亿元,平均填海一亩需要花费16～20万元人民币。除了填海,临港新城在主城区,还挖掘目前世界最大的城市景观人工湖——滴水湖。滴水湖呈圆形,直径2.66千米,总面积5.56平方千米,平均水深3.7米,其水域面积和杭州西湖相当。滴水湖由海南龙湾港集团历时15个月开挖而成,共挖土1780多万立方米,这些土方的体积相当于15个上海金茂大厦。

滴水湖中还有北岛、西岛、南岛3个小岛。北岛被称为"娱乐之岛",位于滴水湖的北面,是三岛中最大的一座,占地约23.5万平方米。根据计划,北岛上将建设一个有海洋特色的游乐园,其中涵盖水世界、绿洲、游戏隧道、蓝鲸表演艺术中心等;西岛占地约6万平方米,定位为商务和旅游住宿,其中将规划建设临港新城标志性的两幢高星级酒店;南岛占地约14万平方米,规划为水上休闲娱乐岛,规划建设游艇俱乐部、游艇港湾等设施,将形成具有举办大型国际水上运动赛事能力和健身娱乐的水上运动休闲中心。

临港新城的主城区是以滴水湖为中心的城市综合生活服务区,规划面积约为100平方千米,其中城市建设面积约为50平方千米,沿湖以环状、放射状的形式向外扩展,形成城市生活环带、城市公园景观环带和都市居住生活环带,居住人口80万人。产业区(包括主产业区、重装备产业区、物流园区和综合区)是以产业开发为主的功能区块,面积约200平方千米,其中城市建设面积约为120平方千米,居住人口近50万人。

产业区是现代装备制造业的主体部分，并以现代装备产业、出口加工和高科技产业为核心，其中重装备产业区和物流园区是建设国际集装箱枢纽港的重要依托，是集仓储、运输、加工、贸易、保税、临港工业、分拨、增值和国际商贸功能于一体的国际经贸平台。"第十一个五年计划"期间以及此后一段时间内，临港新城将实现固定资产投入1200亿元，重点建设整车及零部件制造、机械装备制造、船用关键件制造、物流装备制造、航空装备制造、光仪电设备制造六大产业基地。

装备制造业基地

临港产业区致力于建设支撑中国能源、交通行业可持续发展的乘用车整车及零部件、大型船舶关键件、发电及输变电设备、海洋工程设备、民用航空产业配套等五大装备产业基地，以及支撑装备制造业发展的工程机械、物流机械、精密机床等制造基地。

民用航空产业配套

在2008年11月的珠海航展上，中国航空工业集团公司（简称中航工业）与上海市政府签署协议，在临港产业区设立国家级上海民用航空产业配套基地，吸引国家航空产业配套项目，发展发动机、航电、机电、环控、新材料和航空物流产业。首批启动项目为航空发动机项目，由中航工业为主出资组建中国商用飞机发动机公司，注册资本60亿元。

汽车整车制造

上海汽车工业（集团）公司（简称上汽集团）自主创新和自主品牌整车及发动机基地冲压、车身、油漆、总装、发动机五大车间，以及车体分配中心、能源中心等单体已经建成投产，主要生产自主知识产权KV4、KV6系列发动机、自主品牌"荣威550"整车，最终形成30万台各型发动机和22.5万辆整车的生产规模；到2010年形成5个生产平台、30款车型的规模。这使上海形成本地三大汽车整车制造基地（嘉定、金桥、临港）"三足鼎立"的产业格局。

船舶关键件制造

2008年，中船三井船用柴油机项目、电气船用曲轴项目、中船重工和瓦锡兰合资的中速柴油发电机组项目投产；中船重件码头建成；沪临金属加工配套项目、韩国东和恩泰热交换器项目顺利建设；沃尔沃高速游艇发动机项目、船舶工艺设备配套项目开始启动。

中船三井船用柴油机项目具备年产170万马力柴油机的能力，主要制造汽缸直径600毫米以上的大功率低速柴油发动机，同时可制造理论上最大的汽缸直径1080毫米的柴油机（现已批量制造世界最大的缸径900毫米的柴油机），满足12000箱集装箱船的主机需要；基地二期项目在2009年前开工，最终形成年产400万马力的生产规模，是全国最大最先进的船用柴油机生产基地。大型船用半组合式曲轴项目年产160根曲轴（已可生产为缸径900毫米柴油机配套的曲轴），此后生产能力更是可达360根，打破了日本、韩国、捷克、西班牙等少数国家对该领域的高度垄断。

发电及输变电设备制造

生产百万千瓦等级核电主设备、重型燃气轮机、具有极端（特大、重型、超限）重型装备制造能力的电气重装联合厂房，具有1400吨吊装能力、5000吨泊位条件的电气重件码头在2008年已建成投产；核电起重运输项目也于次年完工，年产核电成套起重运输、重型起重运输等设备4.9万吨；这些装备为我国实现核电设备的基本国产化奠定基础。2008年7月，长21米、最大直径4.4米、重3350吨的60万千瓦核电机组蒸发器已下线并运往秦山核电站，我国成为继美国、法国、日本、韩国之后能制造该设备的少数国家之一。特高压交流重型输变电设备和直流输电设备项目也已经开工，使产业区成为中国最大的高端发电及相关设备制造基地。

海洋工程设备制造

2008年，中国船舶工业集团公司（简称中船集团）开工建设了具有世界一流水平的大型海洋工程与船舶制造专业配套基地，其中专用产业码头两座，年产海洋工程平台4座，海洋工程生活模块或船用生活模块30个，代表着钻井平台的世界先进水平。此后又进一步重点发展了具有高技术密集和高附加值特征的自升式钻井平台、半潜式钻井平台等海洋油气装备，为我国发展新兴的深海油气采掘事业服务，为提高我国在全球海洋工程设备制造领域的地位做出了贡献。

工程机械等其他制造

该基地以港口和物流机械为主，目前，中集集装箱制造及维修、卡尔玛港口机械、科尼（KONE）港口机械、振中桩机等项目已经建成投产。随着田中激光机械、阿特拉斯空压机、开山空压机、蒂森克虏伯工程机械、希尔博装卸机械、希斯庄明机床、大型煤矿液压支架、履带挖掘机等项目的建成和落地，该基地涵盖的领域将更加丰富。

目前，中国重点突破的16个装备制造业发展领域中，临港产业区的项目已涉及8个。其中，汽车整车及零部件、大型船用设备、发电及输变电设备、海洋工程设备、航空配套产业等五大装备产业基地的发展格局已经形成。临港集团目前已同中船集团、中船重工集团、中国商用飞机公司、中航集团、上汽集团、上海电气集团、中集集团、三一重工、华仪电气等国内外著名装备制造企业集团建立战略联盟。截至2009年，临港新城已经实现固定资产投资581.7亿元，其中基础设施投资225亿元，引进外资总额12亿美元，实现生产总值年增长60.4%，工业总产值年增长48.1%，税收收入年增长34.9%。

临港新城初具规模

临港新城现已建成防汛标准为200年一遇高潮位和12级以上大风的防汛大堤工程；建成供水、污水系统一期工程、电信工程和天然气中压管线工程；建成了一期市政主次干道、河网水系、桥梁和绿化配套等工程。两港大道西延伸段、大芦线、轴线大道、连接市区的轨道交通线、城区公共交通等正在建设或即将开工。

2008年9月，上海海事大学、海洋大学两所大学搬迁临港新城，2.6万名师生员工成为第一批新城居民；而在一年前南汇区首个街道——申港街道成立，担负起临港新城主城区74平方千米的公共服务和社会管理职能；位于主城区的南汇区机关办公中心也已落成办公；学校、医院、商务办公楼、中高档商品房、酒店、休闲娱乐等项目已经建成或正在建设中；海关、检验检疫、港口管理、电力、燃气、水务等服务功能项目也已经建成或正在建设中。正在建设或已经建成的还有4个分城区的商业服务、职工公寓、文化中心、培训中心、娱乐休闲等服务配套设施。

填海造地工程

临港新城主城区规划用地74平方千米，其中54平方千米的土地要在2年时间内围垦成陆。围垦54平方千米的土地，需要在这一片滩涂上填起5600万立方米的沙土，首先需要在退潮时，在滩涂上围起一道10千米长的挡潮大堤，然后用机器设备灌混凝土和沙子进去，进行吹填。由于滩涂上是厚厚的淤泥，大型机器无法进去，围堤全靠人工。来自上海水利工程公司、南汇水利工程公司的5000多名建设者顽强拼搏，从2002年10月起分两期完成了南、北围区长10千米的围堤建设任务。大堤底宽85米、上宽9米、标高9.1米，加上钢筋混凝土翻浪墙高达10.47米，可抵御200年一遇的风浪。

打破传统围垦造地施工工艺

按照上海地区传统的施工工艺，围垦造地的第一步是促淤，就是在规划的堤线位置先抛筑块石，形成一道促淤坝。涨潮时，泥沙随潮水进入促淤区域；退潮时，一部分泥沙沉积下来，经过2~3年后，滩地可淤高1~2米。第二步是围筑大堤。等围区内泥沙淤高到一定程度，在促淤坝里筑道大堤，使围垦区域与潮水隔开，形成不进潮水的陆地。第三步吹填。在一般情况下，围堤内的陆地标高较低，达不到设计用地的标高。这就要设法从附近海域中取沙进行吹填，抬高地面，满足用地要求。

芦潮港地区属于低滩围垦，大堤堤线位置在标高零米左右。同时，堤线位置和地质条件很差。大堤基础下面有3~5米厚的淤泥，局部地段淤泥深坑达到6~10米。每个坑有100×200米大，共有9个深坑，属于不良软弱地基。这里水深有5米，海域的水文、气象条件恶劣，风大、浪高、流急。在这片滩涂上围垦成陆，建起新城，从围垦工程上看，是上海围垦史上面积最大、用沙量最大、地质条件最差的一项工程。也就是说，用传统的办法先筑堤再吹填，会形成堤内海水越来越多，而堤外的海水在涨潮时对堤坝产生巨大的冲击。不要说大堤龙口难以合拢，未等吹填成，大堤就会有前功尽弃的危险。

为此，港城建设者们采用"裸吹"的办法。首先要解决围垦所需的沙土。5600万立方米的沙土，如果筑起一米见方的泥墙，这道泥墙足足可以绕地球一圈半。不熟悉海洋常识的人总以为大海里有的是沙土，其实并不如此。为了保护滩涂，近处的泥沙是不能随便挖掉的。经过反复论证，工程人员决定在大堤外1.5千米处的海底取沙。这样做投资成本低，进度快。在浅海挖掉一个8～9米的沙坑，经过半年就可以淤平。

这也就意味着，传统的施工工艺是促淤、围垦、吹填，现在是促淤、吹填、围垦。先进行吹填，用大型绞吸式挖泥船取沙，通过输沙管道向围垦区域里吹沙。先吹填，再筑堤。待大堤建成后，地面未达到设计标高处，再进行补吹沙土。用这样"裸吹"办法，使近5万亩滩地从零米提高到2米。这样一来，滩地抬高后，减少了潮水的进入量，大大降低了大堤合拢的风险性。同时，用大型绞吸式挖泥船的有利条件是，采用大容量、快速连续向淤泥层吹填沙土的方法，硬是将深潭中的淤泥挤掉，置换进坚实的沙土。

填海造地工程刚开始不久，就面临着挖沙工具和时间的矛盾。4艘小型挖泥船试挖试吹，6个月挖吹泥沙50多万立方米。照这样的速度，5600万立方米沙土需要挖40年。怎么办？工程指挥部果断决定，向荷兰租借挖泥船，并向上级领导汇报请示，取得了交通部及有关部门的支持。我国有规定，国外疏浚企业及设备不准进入国内疏浚市场，因为洋山工程特殊需要，有关部门才破例同意租借国外绞吸式挖泥船。这种大功率挖泥船，动力大，效率高，每小时可挖3000立方米。边挖边吹沙上岸的排出距离远，最远的可达5千米；抗风性能好，7级大风还能继续挖沙。以两艘从荷兰租借来的绞吸式挖泥船为主力，又配置了几艘国内挖泥船，工程进度大大加快。

东海的滩涂上，吹泥船马达轰鸣，吹泥管中喷射的沙土奔腾不息。经过两年多的连续施工，临港新城诞生了。

混凝土如何塑造一个坚实的整体

当今的大型工程中，混凝土都扮演着不可替代的角色。在修建临港新城的过程中，我们用混凝土制造的翻浪墙就高达10.47米。这里，需要解释一下混凝土是什么？它又是如何形成高强度的坚实整体的？

混凝土在当今建筑材料中具有举足轻重的地位，而其最基本的制法，就是以水泥为胶凝材料，以砂，石为骨料（砂、石在混凝土中起骨架作用），加水拌制而成。

不过，这些绊制在一起的材料要想成为建筑物的"骨骼"——混凝土，并非描述起来那么容易。当水泥与适量的水调和时，开始形成的是一种可塑性的浆体，具有可加工性。随着时间的推移，浆体逐渐失去了可塑性，变成不能流动的紧密状态。此后浆体的强度逐渐增加，直到最后变成具有相当强度的石状固体。如果原先还掺有集合料如砂、石子等，水泥就会把它们胶结在一起，变成坚固的整体，即我们常说的混凝土。这整个过程，我们把它叫作水泥的凝结和硬化。

水泥的凝结和硬化，是一个复杂的过程，其根本原因在于构成水泥熟料的矿物成分本身的特性。水泥熟料矿物遇水后会发生水解或水化反应而变成水化物，由这些水化物按照一定的方式，靠多种引力相互搭接和联结形成水泥石的结构，导致产生强度。

那么，这些水化产物怎样会导致水泥浆结硬并产生强度呢？水泥凝结硬化的机理究竟是什么？结晶理论认为，水泥熟料矿物水化以后生成的晶体物质相互交错，聚结在一起，从而使整个物料凝结并硬化。胶体理论认为，水化后生成大量的胶体物质，这些胶体物质由于外部干燥失水，或由于内部未水化颗粒的继续水化，于是产生"内吸作用"而失水，从而使胶体硬化。

将两种理论结合在一起，得出的认识是：水泥水化初期生成了许多胶体大小范围的晶体如水化硅酸钙，和一些大的晶体如氢氧化钙，包裹在水泥颗粒表面，这些细小的固相质点靠极弱的物理引力使彼此在接触点处黏结起来，而连成一空间网状结构，叫作凝聚结构。由于这种结构是一种引力较弱的无秩序联结，所以水泥浆的强度很低，因而有明显的可塑性，赋予拌合物一定和易性（均匀混合），便能施工。以后随着水化的继续进行，水泥颗粒表面不大稳定的包裹层开始破坏而水化反应加速，从饱和的溶液中就析出新的、更稳定的水化物晶体，这些晶体不断长大，依靠多种引力使彼此粘结在一起形成紧密的结构，叫作结晶结构。这种结构比凝聚结构的强度大得多。

水泥浆体就是这样获得强度而硬化的。随后，水化继续进行，从溶液中析出的新的晶体和水化硅酸钙凝胶不断充满在结构的空间中，水泥浆体的强度就不断增大。待到水泥浆硬化后，则将骨料胶结成一个坚实的整体。

世界最长的高速铁路项目
——京广高速铁路

京广高铁8小时南北经济圈

从寒冷的北方，穿越江南绵绵细雨，来到温暖如春的南方，车窗的景观也从皑皑白雪到郁郁葱葱……这就是京广高铁，8个小时就从北京行驶到广州，再次创造了"中国奇迹"。2012年12月26日，北京至郑州段高铁正式开通运营，这意味着京广高铁全线贯通，中国新一条南北高铁大动脉正式形成。这条世界上运营里程最长的高速铁路贯穿近30个城市，相关专家表示，京广高铁的开通在带来方便快捷的同时，也承担着串联起我国各大经济圈、城市群的任务，对沿线城市及多个行业产生重要影响，将成为中国高速铁路建设以及经济发展的里程碑。

沿线城市进入"同城时代"

京广高铁全长2298千米，它的开通一举打通京广高速客运大通道。京广高铁在方便人们出行的同时，更拉近了城市与城市之间的距离。时速300千米的列车从北京出发，最快8小时能到广州，比现在最快普速列车压缩了12小时30分钟左右。京广高铁贯通后，从武汉到北京最快只需4小时18分，汉、京两地的时空概念大大改变——市民早上在武汉街头吃碗热干面，中午就可以在北京吃上烤鸭了。

京广高铁的开通不但带来了方便快捷，其发挥的区域经济效应也不可

YAOYAN DUOMU DE SHIJIE DIYI

小觑。

在现有"四纵四横"铁路网规划中，京广高铁是纵贯南北的重要"一纵"——由北京出发向南经石家庄、郑州、武汉、长沙至广州，覆盖中国华北、中部、中南、珠三角（珠江三角洲的简称）等主要经济区，尤其经过北京、武汉、广州等人口密集的经济中心城市。

京广高铁串起环渤海经济圈、中原经济区（范围包括河南18个地市及山东、安徽、河北、山西等省的12个地级市3个县区，总面积28.9万平方千米、总人口1.5亿）、武汉城市圈、环长株潭城市圈（该区域包括湖南省以长沙、株洲、湘潭为中心的湖南东中部的部分地区）、珠三角经济圈等五大经济圈，一条"贯穿南北的高铁经济带"呼之欲出，对拉动沿线区域经济发展和加快产业转移的作用明显。

交通行业研究人员表示，京广高铁的开通必然缩短沿线城市间的空间距离，加速人员、物质、资金、信息的交流，进而提升城市间的交流效率。同时，京广高铁与"四横四纵"其他高铁的连接也能加强与其他区域经济的联系，进而加强各种社会资源的有效流动。

铁道部科技司司长周黎也表示，京广高铁开通后，将有效降低社会时间成本，给人员流动带来极大便利，对促进区域经济社会协调发展有巨大作用，可有效推动相邻城市的"同城化"，加快沿线城镇化、工业化、信息化进程。

黄金线路催生"旅游联盟"

旅游业素来是对高铁最敏感的一个产业。京广高铁的全线开通，将催生一条比肩京沪高铁的黄金旅游线路。

武汉铁路部门分析，对于暑假、国庆节、春节等出游旺季来说，京广高铁的开通对旅游的利好拉动不容小觑。每到节假日出游旺季，航空需求量增大，在资源紧张的情况下，机票价格难免走高。京广高铁在旅游旺季除票价稳定外，更有接待量大的优势。

不过业内人士也指出，目前高铁带动旅游市场，仅限于中途旅游，一般是3小时车程、1000千米距离左右。超过此界限，高铁优势就会弱化。不过，相比航空，高铁在旅游方面的优势仍然明显。比如，游客坐高铁可一路欣赏沿途美景，中途还可根据需要下车游玩；对于南、北居民而言，最大的好处就是南方居民冬天可以坐高铁去北方赏雪，而北方居民则可在冬天赶到南方赏花。"随着高铁的开通，沿线地区居民的休闲娱乐方式将更加多样化。"

以石家庄市新客站为例，正有旅游等产业计划向该区域聚集。

石家庄市新客站位于塔南路和南二环之间。在不远的将来，将有两条高速铁路在这个车站内交汇，分别是京广高铁和太青高铁（太原—青岛）。根据设计，这里还将"接手"现有石家庄站的京广普速客运，这意味着新客站将聚集途径石家庄的绝大部分客流，其经济意义非同一般。目前石家庄市规划部门正在围绕它规划一个新的综合发展区域，总占地约8.65平方千米。随着新客站的投入使用，这片区域被寄予建设石家庄市新的商贸商务中心的期望。

石家庄新客站西广场在2012年夏天开工建设，东广场则于2013年开工，东、西两广场将在2014年全部建设完成。石家庄市规划部门的计划是，2013年开始，与东广场的建设同步，在其附近建立一个旅游集散中心站。以高铁乘客为客源，设计石家庄附近景点的旅游线路，以石家庄一日游为主，争取将石家庄从"过境地"转变为"目的地"，争取让游客在石家庄能住能吃，这样也可以带动很多相关产业。

区域经济一体化加速

京广高铁将五大经济圈连在一起，也使沿线的28个城市进入8小时经济圈，业内专家预测，在京广高铁开通5年后，可以带动沿线各城市的GDP每年增长3%～5%。据有关方面测算，京广高铁每年对全社会经济的拉动作用超过300亿元人民币。

据铁三院（铁道第三勘察设计院集团有限公司的简称）与国务院发展研究中心采用投入产出法进行的专题分析，仅北京至郑州段2030年前对全社会经济的拉动作用将达到2758.44亿元，年均153亿元。

京广高铁的开通不仅改善了居民出行以及生活方式、促进沿线旅游经济的发展，更使得沿线城市的经济进入"快车道"。

专业人士认为，高速铁路具有运输速度快、运输能力大、安全可靠等优势，随着京广高铁开通运营，沿线将有望形成物资、技术、人才、产业等高度聚集的经济带，区域之间的经济联系将更紧密。

比如，京广高铁贯通后，石家庄到北京的时间缩短至1个小时以内，石家庄纳入首都经济圈指日可待。京广高铁还把环首都经济圈和珠三角两大经济区紧密联系起来。无论从人口密度，还是经济发展层面来看，这两大经济区都是我国经济的重要增长极。便利的交通条件，将使两地投资、人才、信息等方面的交流得到进一步增强。

同时，由于北京到武汉沿线的大城市比较多，这可能形成更大范围的整合。其中，中原城市群、武汉城市群、长株潭城市群有望再次进行内部整合，形成更大范围的中部城市群。

有关专家认为，京广高铁的开通将促进沿线城市群一体化进程，加快沿线城市产业布局的调整和整合，优化资源配置，并为一些传统行业的发展带来新机遇。高铁带来的交通便利，在一定程度上还将促进沿线地区教育、医疗资源的优化整合，增大优质教育、医疗资源的扩散效应。

京广铁路大动脉中心段——武广高速铁路

京广铁路是我国最繁忙的干线之一，其中武汉至广州段尤为紧张，运输能力处于超饱和状态，运输质量难以进一步提高，特别是节假日期间，因增开大量旅客列车，货物列车被迫全面停开，严重制约区域经济的发展。随着国民经济的快速发展，京广通道的客货运量将有较大幅度增长，经济增长方式的转变对客货运输质量也提出了更高的要求。新建武汉至广州客运专线，实现客货分线运输，是彻底解决通道运能矛盾，提高运输质量的最有效途径。

武汉成为"高铁十字中心"

对湖北武汉来说，京广高铁的开通，加上已基本成形的沪汉蓉（上海、武汉、成都）快速客运专线，使以武汉为中心的高铁"大十字"通道真正形成。

2010年底，湖北铁路路网结构全面优化，路网覆盖范围进一步扩大，已基本形成"四纵三横"的铁路架构。"四纵三横"中的"四纵"是焦柳线（河南焦作至广西柳州）、既有京广线、武广高铁、京九线；"三横"是合武（合肥至武汉）、汉宜高铁（汉口到宜昌）、宜万铁路（湖北宜昌至重庆市万州区）组成的沪汉蓉快速客运通道，武九（武昌至九江）、汉丹（湖北汉西至湖北丹江口）、襄渝线（湖北襄阳至重庆）组成的沪汉蓉大能力通道（包含货运），长荆（湖北长江埠至荆门）、麻武线（湖北横店至麻城）组成的客货运通道。

"四纵三横"铁路路网格局的形成，不仅完善了湖北承东启西、连南接北的交通路网格局，宜万铁路、汉宜高铁的建成还结束了恩施、荆州等市不通国铁（即国有铁路，指国家经营的铁路业务）的历史，填补了湖北省鄂西地区铁路客运空白，实现了铁路对全省所有地市的全覆盖。而武汉至咸宁、孝感、黄石、黄冈的四条城际铁路建成后，湖北将在全国率先建成省内城际快速铁路网。

12月26日，随着京广高铁的全线开通，以京广高铁为铁路经线的纵向通道贯通，而以合武、汉宜高铁、宜万铁路为铁路纬线的横向沪汉蓉快速客运通道已基本贯通。这两条纵横中国的快速铁路客运专线，其巨大的"十"字中心交会点正是武汉。

湖北省社科院副院长秦尊文认为，武广高铁开通时，人们就说武汉成为"高铁十字中心"，其实那时还不完全是"十字"，要到京广高铁全线贯通，才会形成一个完整的"十字"。作为"十字"中心的武汉，可通过京广高铁北连环渤海经济圈、中原经济群，南连长株潭经济群、珠三角经济圈；而通过沪汉蓉横向快速客运专线，则东连长三角经济圈，西连成渝经济区。

秦尊文分析，过去武汉的经济走向长期向南，向北相对较弱，随着京广高铁的贯通，今后京津地区的高端产业、高科技产业对武汉的辐射作用将进一步加大，武汉的产业层次将极大提升。同时，武汉的企业可以借助京津环渤海经济圈扩大"走出去"路径，实现多维度地对内对外开放，从而加快中部地区的经济发展。

武广高速铁路建设过程

武广高速铁路（也称武广客运专线）于2005年6月23日开工建设，2009年12月26日建成通车。它北起武汉新火车站，途经江夏、咸宁、岳阳、长沙、株洲、衡阳、郴州、韶关、清远和花都，南到番禺的广州新火车站，全长1068.6千米，途经25个车站，总投资约1166亿元。武广高铁全线采用国产"和谐号"高速动车组，列车时速达350千米，行车密度可达3分钟一列。

武广客运专线是目前世界上一次建成里程最长的高速铁路，也是我国技术标准最高、速度最快的铁路客运专线。2009年12月9日早上7时54分，一列试运行列车从广州南站出发，用时不到3小时抵达武汉。其间，列车跑出394千米时速，创造两车"重联"情况下的世界高速铁路最高运营速度。两车"重联"就是由两列高速列车头尾相连组合成的一列列车。一般的高速列车，只有8节车厢，载客610人，而"重联"列车有16节，载客数量翻了一倍。这样可以在春运、暑运等客流高峰季节，用一趟车拉两趟车的客人。这种运输方式，也是我国独创，在两车"重联"的情况下，仍然可以跑出高达350千米的时速。

其实，修建武广客运专线的呼声从2003年就已开始。在2003年初的第十届全国人大会议上，湖北代表团37名代表、广东代表团30名代表不约而同地提出议案，希望国家尽快立项，建设京广铁路客运专线。

两省代表认为，纵贯湖北的京广线是我国的交通大动脉，但随着经济持续快速发展，现有京广线运输利用率已到极限，特别是京广线武广段（武汉至广州），已成为京广线的瓶颈。人山人海的客流，把偌大的广场和车站挤得水泄不通……年复一年，武广线上武昌、汉口、长沙、广州等火车站都重现着这样的画面。2003年春运期间，武广段几大车站共发客2876万人，为全国主干线之最，大量旅客因铁路运能不足而被"拒之车外"。

京广线武广段被业内外公认为全国最繁忙的铁路干线之一。武昌至广州间运营里程为1084千米，2002年93%以上区段通过能力利用率超过90%，50%区段通过能力利用率为100%。按"铁路双线区段能力利用率达到85%即视为运能饱和"的规定，武广段运输能力已处于全面饱和状况。

由于运能影响，春运期间京广线只能停货（车）开客（车），不仅湖北省到西南和广州方向的货物运输严重受限，而且还直接影响四川、湖南及华中地区、珠三角经济的发展，因此必须开辟新的铁路通道。而京广线客货混跑，客车、货车最大速度差为每小时72千米，互相干扰，限制了列车提速；由于运能紧张，设备检修保养难以正常进行，特别是在客流积压以及运输任务繁重时，就不得不中断维修和保养，给运输安全带来严重威胁，这在春运期间尤为突出。

作为高速铁路客运专线，武广客运线试验段首次采用无砟轨道新技术，于2005年5月开始建设。试验段位于武汉市江夏区五里界镇与乌龙泉镇之间，长9.276千米，目的是逐步探索高速客运线路建设情况，掌握高速客运技术，增加我国具有完全自主知识产权的铁路建设技术。专家指出，武广客运专线的建设，是我国铁路发展的一个重要里程碑，标志着铁路客货分离新理念的正式实施。

根据国家中长期铁路建设规划，京广铁路客运专线北京至武汉段也随后动工兴建，与武广客运专线相接。当两段客运专线建成的时候，武汉将成为北京至广州高速铁路南北大动脉的中心，全国重要交通枢纽的地位更加凸现。"武广专线最大的意义在于，对'中部崛起'和'泛珠三角'区域经济发展有非常重要的拉动作用。"武广客运专线公司筹备组战略综合处负责人表示，一条京珠高速公路拉动沿线省份GDP增长1%，武广专线建成后的拉动力度应该更大。

由于武广线将与筹建中的广深港高速铁路衔接，未来香港往返武汉的铁路车程（单程），也有望缩至5小时左右。这将使得武广客运专线途经的20余个城市近1亿人口，与广州、香港的联系更为紧密，进而拉动铁路沿线经济的发展。

攻克施工难题

京广高速铁路武广段是迄今为止世界上一次建成里程最长、运营速度最高的高速铁路。广大科技人员和数万建设者，在建设中成功解决了时速350千米的客运专线设计、路基沉降控制技术、900吨整孔箱梁控制、大断面隧道施工、无砟轨道施工等难题，经过4年半艰苦奋战，创造了中国高速铁路建设新的奇迹，树立了中国铁路建设史上一座新的里程碑。

高架桥纵贯南北

京广高速铁路武广段线路基础达到世界先进水平。全线铺设了具有世界铁路先进水平的无砟轨道。与传统有砟轨道相比，这种轨道具有结构稳定、使用免维修、寿命长等特点。运用了世界先进的百米定尺钢轨连续焊接工艺，保证了线路的高平顺性，提高了旅客乘坐的舒适度，而且减少了钢轨与列车车轮的磨耗。所使用的高速道岔具有运行高平稳性、高舒适性和高可靠性。全线桥梁主要采用跨度32米、重900吨的整孔箱梁架设，满足时速350千米高速列车安全平稳运行和旅客乘坐舒适性的要求。

京广高速铁路武广段桥梁工程技术创造多项世界第一。全线桥梁里程几乎占到线路总里程的一半。

湖北武汉天兴洲长江大桥是武广客运专线的关键工程。其位于武汉长江二桥下游9.5千米处的天兴洲分汊河段上，全长11千米，正桥4.657千米。该桥是武汉市的第六座长江大桥，搭载四线铁路、双向六车道公路过江。铁路桥宽16.8米，设有两条高速客运线和两条货运线；公路桥面宽27米，设计时速80千米。该桥荷载量达2万吨，总投资110.6亿元，设计施工首次采用41片、单片重达900吨的简支箱梁（一根梁只有两端各一个支点，叫简支梁）。

大量采用的高架桥梁技术是用来应对施工路段出现的河网众多以及深厚的软土层等问题，以控制路面沉降。其实，这与在城市中建高架道路是一样的建设原理，只是桥墩上面承载的是绵延上千千米的高速铁路。高架桥的造价尽管比路基高，但是造桥可以走直线，有利于提高高速铁路车速。

箱梁（桥梁工程中梁的一种，内部为空心状，上部两侧有翼缘，类似箱子，因而得名）的生产和架设，是京沪高速铁路土建施工的关键性工程。全线共设有48个梁场现场浇筑混凝土箱梁，每块箱梁长32米，宽12米，高3.5米，面积相当于一座篮球场，耗用钢筋68吨，混凝土328立方米，对抗腐蚀性、抗震和抗拉裂性都有相当高的技术要求。浇筑完工的箱梁重达900吨，需要用世界最大的千吨级提梁机和架梁机吊装到位，箱梁之间的误差不能超过0.5毫米，而路基沉降必须控制在15毫米以内。只有这样才能保证列车在高速行驶时的平稳和安全。

高架桥梁施工法还能节约大量土地。普通铁路路基平均1千米占用土地4.7公顷左右，而1千米高架桥梁占地仅为1.8公顷。以郑徐客运专线（郑徐客运专线西起郑州市，在郑州枢纽与郑西、京广高铁衔接；东至徐州市，在徐州枢纽与京沪高铁衔接）计算，由于沿线土地肥沃，一马平川，是我国重要的粮食生产基地。郑徐客运专线全线无隧道，桥梁全长337.4千米，占正线长度的93.5%。"以桥代路"的建设理念，不仅减少了铁路对沿线城镇、乡村的切割，同时节省了大量土地。

高精度铁轨

高速铁路对轨道精度要求非常高，钢轨间的距离误差不能超过正负2毫米，否则呼啸疾驰的列车就会有倾覆的危险，这就需要有高科技的施工技术作保障。为此，京广高铁将全线铺设无砟轨道和无缝线路。

砟（zhǎ），岩石、煤等的碎片。在铁路上，指作路基用的小块石头。传统的铁路轨道通常由两条平行的钢轨组成，钢轨固定放在枕木上，之下为小碎石铺成的路砟。路砟和枕木均起加大受力面、分散火车压力、帮助铁轨承重的作用，防止铁轨因压强太大而下陷到泥土里。传统有砟轨道具有铺设简便、综合造价低廉的特点，但这种石子道砟路基较软，因而列车的速度无法提得很高。只有建在硬路基上，列车才能高速行驶，这就需要建设无砟铁路。

无砟轨道的轨枕本身是混凝土浇灌而成，而路基也不用碎石，铁轨、轨枕直接铺在混凝土路上。无砟轨道是当今世界先进的轨道技术，可以保证列车时速达到200千米以上，而且能够减少维护、降低粉尘、美化环境。

通常的铁轨是将每根12.5米或25米长的钢轨联结成轨道，很显然每隔12.5米或25米就会有一个接头。接头之间还有一道轨缝，大约为6毫米。留轨缝的道理很简单，是为了防止钢轨在热胀冷缩时产生的温度力。不要小看这个温度力，钢轨温度每改变1℃，每根钢轨就会承受1.645吨的压力或拉力。轨温变化幅度为50℃时，一根钢轨则要承受高达82.25吨的压力或拉力。如此巨大的力足以将钢轨顶得歪七扭八，造成轨道不平顺，影响列车快速、安全运行。轨缝使热胀的问题解决了，但是另一个问题又出现了：这道不起眼的轨缝不但使列车在运行时产生令人讨厌的"咔哒咔哒"声，更重要的是造成车轮与钢轨的撞击，对二者尤其是车轮的损害相当大，缩短了车轮的使用寿命。

"无缝线路"就是把不钻孔、不淬火的25米长的钢轨，在基地工厂用气压焊或接触焊的办法，焊成200～500米的长轨，然后运到铺轨地点，再焊接成1000～2000米的长度，铺到线路上就成为一段无缝线路。如果没有加工、运输、施工上的困难，从理论上讲，"无缝线路"可以无限长。这种彻底消灭轨缝的办法，我国铁路正在一些主要干道上采用。假如你是个细心人，当你乘火车进入北京就会注意到，昔日的"咔哒咔哒"声已经大为减少。看到这里，你肯定要问，难道"无缝线路"就不存在热胀冷缩的问题吗？

显然，钢轨的温度力不可能消失，那么，热胀冷缩现象也就不可能消失。由于无缝线路中钢轨所承受的温度力的大小和轨温的变化有直接关系，所以我们锁定钢轨时必须正确、合理地选定锁定轨温，以保证无缝线路钢轨冬天不被拉断，夏天不致胀轨跑道，危及行车安全。就北京地区来说，最高轨温为62.2℃，最低轨温为零下22℃，中间轨温为19.9℃。根据无缝线路强度和稳定性计算得出的结果，北京地区最佳锁定轨温为24℃，实际允许锁定轨温为19℃～29℃。

锁定轨道的方法是人们在铁路线上采用强大的线路阻力，限制钢轨的自由伸缩。在我国是采用高强螺栓、扣板式扣件或弹条扣件等对钢轨进行约束。实验表明，直径24毫米的高强螺栓、六孔夹板接头可提供40至60吨的纵向阻力，弹条扣件每根轨枕可提供1.6吨的纵向阻力。

京广高速铁路路基由一块块混凝土箱梁连接而成，箱梁上预置有安放橡胶垫和弹性扣件的无砟道板。钢轨在无砟道板上用螺栓等零件对其强力扣死，可以承受时速350千米列车的冲击能量。以前，只有德国和日本拥有修建无砟铁路的技术。目前我国已经攻克了这一难题。

　　无缝线路是铁路轨道现代化的重要内容，经济效益显著。据有关部门统计，与普通线路相比，无缝线路至少能节省15%的经常维修费用，延长25%的钢轨使用寿命。此外，无缝线路还具有减少行车阻力、降低行车振动及噪声等优点。

世界最大单体航站楼
——首都国际机场T3航站楼

打开大门迎接世界宾客

作为中国首个民用机场，北京首都国际机场（简称首都机场）在1958年正式投入使用。建成初期，北京首都机场的吞吐能力十分有限。在经历了1980年、1999年和2004年三次改建之后，到2006年首都机场已经拥有两条跑道和两座航站楼，旅客吞吐量达到年4856.48万人次，成为世界排名第九的繁忙机场。2008年北京奥运会期间，首都机场的客流量达556万人次，是平时月客流量的10倍。首都机场面对如此巨大的客流量，却保证了畅通、安全和秩序井然，这是如何做到的呢？

保证奥运期间高效安全疏散客流

在奥运期间，首都机场每日接待来自世界各国的旅客超过20万人。为了迎接这次挑战，首都机场在硬件上进行了全面升级。在维持两条现有航道顺利运营的基础下，2008年第三条跑道在首都机场T3航站楼正式投入使用。与此同时，T3航站楼也成了首都机场硬件扩展的主要成果。

在完成了第三跑道和第三航站楼的建设后，首都机场客运吞吐量提升至6000万人次，基本满足了奥运期间的需要。T3航站楼主楼建筑面积达55万平方米。楼内许多设施处于国际领先地位。新增机位99个；新建一条长3800米，宽60米的跑道，能让世界上最大的飞机——空客A380顺利起降。根据设计能力，到2015年，首都机场将实现满足年旅客吞吐量8200万人次的目标，比现有能力增加1倍。

2007年起，在保持原有的机场高速公路、机场辅路、机场北线快速路等公路正常运营的前提下，一个由机场高速公路、京承高速公路、机场北线快速路、六环路以及在建的机场南线和机场二通道6条高速公路所构成的机场周边高速公路网也正式投入建设。

2008年，这套由北京政府负责兴建的高速公路网投入使用，对于机场周边交通运营能力的提升起了很大作用，每天来到北京的数十万旅客都可以快速从机场疏散。

如今的首都机场拥有国内最为先进的行李系统。这套建立于第三航运楼，被称为"RFID"的行李系统，是首都机场斥资近20亿元打造的。所谓"RFID"，即无线射频识别技术，俗称电子标签，是一种非接触式的自动识别技术。该技术通过射频信号自动识别目标对象并获取相关数据。识别工作无须人工干预，可广泛运用于通讯、运输行业。

与以前的行李系统相比，新配置的"RFID"行李系统配备行李自动分拣功能，T3航站楼有17个大型的行李提取转盘，航空公司只要将行李运到分拣口，系统只需要4.5分钟就可以将这些行李传送到行李提取转盘，这也将大大减少旅客等待提取行李的时间。同时，T3航站楼的行李运输带长达60千米，每小时可运送行李达1.9万件，其运行速度是T2航站楼的3倍。"RFID"行李系统投入使用之后，一方面大幅提高了行李系统效率，另一方面还杜绝了行李拿错以及丢失的现象。可见这种行李系统是迎接人流高峰的必要安全措施。

在提升效率的同时，该系统还配备了无线射频身份识别系统。行李在运输过程中被全程监控，一是对旅客行李的负责，再就是能够在很大程度上查获违禁品，在高效服务的同时提升安检能力。

机场构成

机场作为商用运输的基地可划分为飞行区、候机楼区和地面运输区三部分。飞行区是飞机活动的区域；候机楼区是旅客登记的区域，是飞行区和地面运输区的接合部位；地面运输区是车辆和旅客活动的区域。

飞行区分空中部分和地面部分。空中部分指机场的空域，包括进场和离场的航路；地面部分包括跑道、滑行道、停机坪和登机门，以及一些为维修和空中交通管制服务的设施和场地，如机库、塔台、救援中心等。

候机楼区包括候机楼建筑本身以及候机楼外的登机机坪和旅客出入车道，它是地面交通和空中交通的结合部，是机场对旅客服务的中心地区。候机楼分为旅客服务区和管理服务区两大部分。旅客服务区包括值机柜台、安检、海关及检疫通道、登机前的候机厅、迎送旅客活动大厅以及公共服务设施等；管理服务区则包括机场行政后勤管理部门、政府机构办公区域以及航空公司运营区域等。

登机机坪是指旅客从候机楼上机时飞机停放的机坪，这个机坪要求能使旅客尽量减少步行上机的距离。按照旅客流量的不同，登机机坪的布局可以有多种形式，如单线式、指廊式、卫星厅式等。旅客登机可以采取从登机桥登机，也可采用车辆运送登机。

机场是城市的交通中心之一，而且有严格的时间要求，因而从城市进出空港的通道是城市规划的一个重要部分。大型城市为了保证机场交通的通畅都修建了从市区到机场的专用高速公路，甚至还开通地铁和轻轨交通，方便旅客出行。在考虑航空货运时，要把机场到火车站和港口的路线同时考虑在内。此外，机场还须建有大面积的停车场以及相应的内部通道。这些统称为机场的地面运输区。

走进首都国际机场T3航站楼

新建的首都机场T3航站楼，从空中俯瞰犹如一条巨龙。说其大，有充足的理由，它是全世界单体面积最大的航站楼，建筑面积达到了98.6万平方米，相当于重建了两个首都机场；投资规模为270亿元，几乎相当于国家大剧院的10倍。但是，如此规模的建筑，建设工期却只用了3年9个月，令人惊叹。2008年北京奥运会期间，各国的代表团都从这个新的国门开始认识中国。T3航站楼为创建中国特色文化国门和物流运输便捷口岸提供了更好的条件。

充满文化底蕴的精心设计

2008年2月29日，北京首都国际机场T3航站楼正式进入试运营阶段。因为首都机场T3航站楼是2008年北京奥运会的重要配套工程，所以它又被尊称为"国门工程"。这座宏伟建筑的设计方案出自英国建筑大师诺曼·福斯特之手。从空中俯视，它犹如一条巨龙昂首卧于首都北京的东北方向，充满整体动感。这种完整的建筑格局无论是在室内还是室外，都给人震撼的出行体验。

当人们步入T3航站楼的值机大厅，迎面而来的是"紫微辰恒"雕塑，它的原型是我国古代伟大科学家张衡享誉世界的发明"浑天仪"，精巧逼真。国内进出港大厅摆放了4口大缸，名为"门海吉祥"，形似紫禁城太和殿两侧的铜缸。二层中轴线上，摆放了形似九龙壁的汉白玉制品——九龙献瑞，东、西两侧是"曲苑风荷"和"高山流水"两个别致的休息区。T3国际区的园林建筑是T3航站楼景观的一大亮点：15000平方米的免税购物区以"御泉垂虹"喷泉景观为核心，东、西两侧是"御园谐趣""吴门烟雨"皇家园林；国际进出港区还设有两个巨幅屏风壁画——《清明上河图》和《长城万里图》。旅客置身航站楼，犹如畅游一座满是稀世珍宝的艺术博物馆，相信每一个过往旅客都能收获一份身心的愉悦与享受。专家们评价，T3航站楼的文化景观继承和丰富了中国传统艺术文化，集观赏性与功能性于一身，颂扬中华文明的同时，又增加了旅客对T3的坐标定位功能。

不只是航站楼内文化底蕴深厚的景观设计让旅客们感受到了设计者的良苦用心，T3航站楼内部的服务设施还使旅客感受到首都机场的人文关怀，人性化功能随处可见。航站楼建筑通透大方，屋顶被设计成155个"龙鳞"样式的天窗，这种独特的造型不但为航站楼的整体建筑增添恢宏气势，更是国内机场首次运用的大规模自然采光设计思想，可以有效地节约照明能源；T3航站楼著名的"彩霞屋顶"不仅是绚丽、美观那么简单，还有一个独特的功能——指方向，屋顶密布的条纹由红色向橘黄色渐变，始终指向南北，旅客在航站楼内就不会担心迷路了。此外，T3航站楼在功能设计上，也充分考虑到弱势群体及特殊旅客的需要。温馨周到的母婴室让怀抱婴儿出行的妈妈感受到家的惬意；玩具、动画片一应俱全的儿童活动区使枯燥的等待变成了孩子的快乐时光；以细节取胜的无障碍设施（包括每一扇门、每一个通道、每一种设施）则使残障旅客深切体会到首都机场对他们无微不至的关怀。

无人驾驶全自动旅客运输系统

T3航站楼在中国首次采用多楼连通的旅客捷运系统（简称APM），是一套无人驾驶全自动旅客运输系统，安全快捷、绿色环保。

T3航站楼总体建筑面积约98.6万平方米，分T3-C、T3-D、T3-E三个功能区。T3-C区用于国内国际及港、澳、台乘机手续办理、国内出发及国内国际行李提取，T3-D区暂用于奥运及残奥会期间包机保障，T3-E区用于国际及港、澳、台出发和到达。APM系统的全程共有3个车站，就分别设置在T3C、T3D、T3E，行车路线单程长2080米，最大发车间隔为3分钟。该系统每小时最多可单向运送旅客4227名，能满足2008年北京奥运会期间和平常日益增长的旅客流量需求。

下面，我们通过T3航站楼的国际出港流程，来体验一下APM系统给旅客带来的方便。T3航站楼出港流程是这样的：进入T3-C大厅门口，有一个大牌子，指示各个航空公司办理登记手续的柜台位置，按照指示牌，旅客可以到指定的值机柜台办理换登机牌手续。办完后，旅客可以按照指示牌乘坐APM前往T3-E国际候机区。对于APM，大家都亲切地称之为捷运"小火车"，而它从T3-C到T3-E只需要4分钟，大大节省了旅客们的时间。下"小火车"后，先后通过海关、检验检疫、边检和安检，就到达了登机口，大概只需要30分钟，就可以完成国际出发的行程。

APM站台使用玻璃幕墙阻挡旅客进入轨道区域，只有在列车到站后，车门和站台门同时打开时，旅客方可进入车厢。为防止进出港旅客混流，采用单侧开门的方式，待进、出港旅客全部下车后，再打开另一侧的车门和站台门，供出、进港旅客上车，最大程度确保了旅客的安全。

IT系统搭建数字化机场

现代化机场的高效运行必须依赖于一套先进、完善的信息系统作为后台支持。首都机场新建的T3航站楼工程作为全球最大的单体航站楼建筑，同时也是高度信息化的航站楼。IATA CUTE（国际航空运输协会公共用户终端设备）平台支持的远程值机、移动值机服务，60台IATA CUSS（国际航空运输协会通用自助服务）标准的通用自助值机服务、无线网络覆盖等，都将使旅客拥有不同于以往的出行体验。严密的监控系统、五级安检、二次身份认证系统都为航站楼安全运行、旅客安全出行提供有力保障。T3航站楼信息系统总投资11亿元，其先进性和稳定性均领先于行业水平。

T3航站楼的航显屏一共有1600多块，是T1、T2航站楼总和的两倍还多，其灵活性也得到了很大提升，为航空公司提供了一个可以实现其个性化服务的平台。登机口的工作人员可以在指定航显屏上自行发布一些临时消息，比如大面积航班延误时利用此平台告知旅客一些餐食安排、天气情况等。信息源是航班显示系统数据的源头，决定信息更新的速度和准确性。以前，T1、T2航站楼使用的是空管信息，信息更新相对滞后，尤其是在航班延误时，旅客不能通过航显获得航班动态。为了解决此问题，T3航站楼信息源采用空管信息与航空公司信息结合的办法，保证信息发布最大程度上的及时、准确。

机场信息系统中与旅客切身相关的莫过于离港系统了，从办理值机到登机的整个流程都依靠离港系统支持，与T1、T2航站楼较为传统、功能有局限性的离港系统相比，T3航站楼的离港系统体现更多的是枢纽机场功能——不仅支持航空公司搭建个性化离港前端，更能通过机场提供的平台实现后台信息互联，值机人员在为旅客办理值机手续时，就可获得旅客所到目的地作为经停站的中转航班信息，为旅客提供前瞻性的服务。

T3航站楼相关知识链接

首都机场T3航站楼的规模，是英国希思罗机场5号航站楼的两倍，但在筹划和兴建上，只花了英国希思罗机场5号航站楼一半的费用。设计者诺曼·福斯特还表示，"欧洲的城市化过程用了200多年，中国只用了20年。"当然，所有的这一切都离不开人类的高科技以及许多节能环保的新材料。

千变万化玻璃秀

我们通常所说的门、窗玻璃，是指平板玻璃。平板玻璃的特点是透明、性脆。一旦受到撞击很容易破碎伤人。因而，人们在各种新型玻璃中采取许多特殊方法保持玻璃的透明性而改善它的易碎性，而且还给玻璃增加了许多吸热、保温、防爆等附加功能。

T3航站楼的玻璃幕墙采用的是中空玻璃。那么，什么是中空玻璃呢？除了中空玻璃外，还有许多我们耳熟能详的玻璃，又是什么效果呢？

中空玻璃采用高强度高气密性复合粘结剂，将两块玻璃保持一定间隔（间隔中是干燥的空气），与内含干燥剂的铝合金框架粘结密封而成。由于空气的热传导率仅为玻璃的二十七分之一，而干燥的空气中少了水分子等活性分子，热传导率更低，因而中空玻璃具有很好的隔热效果。另外，空气的导声系数也很低，声波在不同的介质中传播时折射率不同，致使声波通过中空玻璃时，在两种介质的临界面产生折射，从而将大部分声音反射回去，因而中空玻璃也具有良好的隔音效果。

钢化玻璃是指经过回火的玻璃，即先将玻璃加热到接近软化温度，然后快速冷却硬化。由于冷却过快，玻璃表面硬化收缩，而内部则在短时间内仍作流动。当玻璃内部收缩，会在表面造成压应力，玻璃外部则成张应力。也就是说，这种玻璃处于内部受拉、外部受压的应力状态，当玻璃受到外力作用时，这种拉压状态会抵消部分外力，使得钢化玻璃的强度和抗拉度较普通玻璃高出许多。目前，这种玻璃广泛应用于高层建筑门窗、玻璃幕墙、室内隔断玻璃、采光顶棚、观光电梯通道等。

夹层玻璃是在两片或多片玻璃之间夹上一层或多层PVB（聚乙烯醇缩丁醛）胶片，经过高温和高压使之复合为一体而形成的玻璃，汽车的挡风玻璃、船的外层玻璃采用的就是这种玻璃。PVB具有较高的透明性、耐寒性、耐冲击性、隔音性，能减弱太阳光的投射，还能阻隔99%以上的紫外线，夹层玻璃亦兼具这些优点。另外，夹层玻璃还具有优良的安全性。如果留心看，便会发现汽车的挡风玻璃遇碰撞后只会裂而不破，这是因为受到外力时，夹层会将玻璃黏着，避免碎成伤人的碎片。

防弹玻璃是夹层玻璃的一种，只是构成的玻璃多采用强度较高的钢化玻璃，而且夹层的材料不同，数量也相对较多。夹层材料为聚碳酸酯，是一种硬性透明塑料，具有极强的韧性。当子弹将外层的玻璃击穿时，聚碳酸酯材料层极强的韧性能够减慢子弹的速度，减弱它的冲击能，从而阻止它穿透玻璃内层，达到防弹目的。

夹丝玻璃是一种内部嵌有金属丝或金属网的平板玻璃，广泛适用于天窗、屋顶、室内隔断和其他易造成碎片伤人的场合。由于有金属丝或金属网的牵拉和支撑作用，夹丝玻璃在受到外力撞击时，很难崩落和破碎，避免碎片伤人。此外，夹丝玻璃在防火上也大有用处。普通玻璃在火灾发生时易受热破裂而碎落，造成空气流动和火灾蔓延。而夹丝玻璃在火灾中保持整体性，防止了空气的流动，对火灾蔓延有较好的阻隔作用。

玻璃幕墙性能优越

随着中国经济的飞速发展，新建工程的数量和质量的不断提高，幕墙工程公司在实践中也积累了宝贵的经验，幕墙的技术也发展迅猛。最近几个新建的机场的幕墙形式较多，推陈出新，造就了一个又一个的经典工程。如首都机场T3航站楼玻璃幕墙总面积约为33万平方米，是目前世界上最大型的幕墙工程。

玻璃幕墙采用了隔热、隔音效果优良的中空玻璃。中空玻璃一般有两层或三层，里侧涂有彩色的金属镀膜，经钢化制成透明的板状玻璃，它可吸收红外线，减少进入室内的太阳辐射，降低室内温度。而最外层使用了镜面玻璃，它既能像镜子一样反射光线，使整片外墙从外观上看犹如一面镜子，玻璃外侧的人根本看不到里面的情景，只是看到天空和周围环境的景色映入其中，光线变化时，色彩斑斓、变化无穷；又能使身处玻璃幕墙内侧的人对外面的景物一目了然。

玻璃幕墙两到三层的中空玻璃具有很好的隔热效果。据测量，在冬天，当室外温度为−10℃时，单层玻璃窗前的温度为−2℃，而使用三层中空玻璃的室内温度为13℃。而在炎热夏天，双层中空玻璃可以挡住90%的太阳辐射热，阳光透过玻璃幕墙晒在身上大多不会感到炎热。因而，使用中空玻璃幕墙的房间可以做到冬暖夏凉，极大地改善了生活环境。

无线射频识别技术

无线射频识别（RFID），指的是一种非接触式的自动识别技术，它通过射频信号自动识别目标对象并获取相关数据，识别工作无须人工干预，并且可以在各种恶劣环境下工作。无线射频识别技术可以识别高速运动物体和同时识别多个标签，操作快捷方便。

实际上，RFID并不是一项新技术。它早在二战时期就出现了，最早是为了帮助空军飞行员们更快地分辨敌我而发明的。它的基本原理到现在都没有变化：一个标签通过天线发射一个经过编码的信号，然后一个读写器对其接收并进行判断。这个原理和现在超市以及物流系统中最常用的条形码相似，但是RFID的优点可比条形码多得多。RFID可以识别单个的非常具体的物体，而不是像条形码那样只能识别一类物体；RFID采用无线电射频，可以透过外部材料读取数据，而条形码必须靠激光来读取信息；RFID可以同时对多个物体进行识读，而条形码只能一个一个地读。此外，RFID标签储存的信息量也非常大，这是条形码无法比拟的。具有这样的优势，如果成本再低一些的话，RFID必然将会广泛应用在各个需要识别的领域。现在RFID标签的成本和条形码成本相比还是有些偏高，但是已经开始逐步代替条形码了——它能够省下很多的人力成本和时间成本。

一个典型的RFID系统包含三个部分：标签、天线以及读写器。标签里记录了固定的数据，并且通过天线向外发送，而读写器负责接收它。根据标签是否可以被读写可分为只读标签和可读写标签；根据信号频率不同，可以分为低频、高频、超高频和微波系统等；根据标签是否自带电源，则可以分为有源和无源两类。无源RFID标签本身不带电池，自然也不能发射信号，但是它往往是和一个线圈封装在一起的，在接近读写器时因为读写器本身的磁场，线圈中将会形成电流，从而激活标签发射出信号来。在物流领域，最常用的是微波频段的无源RFID系统。

　　无线射频识别技术的应用，不仅保证了机场行李安全，同时在保障奥运食品安全方面也做出了同样突出的贡献。奥运食品要全部加贴电子标签，电子标签采用国际先进的非接触式无线射频识别技术（RFID），实现奥运食品的全程追溯。全程追溯意味着奥运食品可以从最后的餐桌上一直回溯到最初的生产地，检测人员可以查到包括原始生产商、加工处理商、包装承运商以及检测机构等在内的所有信息。而这一切都依赖于一块长宽不超过1毫米的芯片。

　　奥运会门票里面同样也使用了这种小芯片。奥运会门票采用实名制，当观众入场时，拿票往验票机上一刷，工作人员就能马上知道票的真假以及购票人和持票人是否是同一个人，而购票人的所有信息也都将显示出来。这些也都是多亏了那个小芯片的帮助，而这些小芯片所采用的就是无线射频识别技术。这些标签可以做得很小，但是识别距离却可以很长，甚至达到20米以上。它们是识别领域的明日之星。

世界首条直通中美的海底高速光缆——太平洋海底光缆

海底光缆时代来临

　　2006年12月26日20点25分，我国台湾地区南部海域发生7.2级海底地震，造成该海域13条国际海底光缆受损，致使我国至欧洲大部分地区和南亚部分地区的语音通信接通率下降，至欧洲、南亚地区的数据专线大量中断；互联网大面积拥塞、瘫痪，雅虎、MSN等国际网站无法访问，1亿多中国网民一个多月无法正常上网，日本、韩国、新加坡等地网民也受到影响。5艘海缆（海底缆线的简称，包括海底电缆和海底光缆）维修船经过1个月的努力，才将断裂的海底光缆修复。可见海底光缆对现代生活的影响十分巨大。

承担着全世界80%通信流量

　　海底光缆是目前世界上最重要的通信手段之一。1986年，美国在西班牙加那利群岛和相邻的特内里弗岛之间，铺设了世界第一条商用海底光缆，全长120千米。1988年，美国与英国、法国之间铺设了世界第一条跨大西洋海底光缆（TAT-8）系统，全长6700千米，含有3对光纤，每对的传输速率为280Mb/s，中继站距离为67千米。这标志着海底光缆时代的真正到来。

　　1989年，跨越太平洋全长13200千米的TPC-3海底光缆也建设成功，从此，海底光缆就在跨洋洲际海缆领域取代了同轴电缆。同轴电缆由里到外分为4层：中心铜线（单股的实心线或多股绞合线）、塑料绝缘体、网状导电层和电线外皮。中心铜线和网状导电层是同轴电缆的核心部件，两者形成电流回路，传递信号。因为中心铜线和网状导电层为同轴关系，因而得名。铺设1000千米的同轴电缆大约需要500吨铜，改用光缆只需几吨石英玻璃材料就可以了。与昂贵的铜相比，石英非常便宜，沙石中就含有石英，几乎取之不尽。此外，光缆传输的信息量远远大于电缆的。一根头发般细小的光纤，其传输的信息量相当于一捆饭桌般粗细的铜线；一对金属电话线至多只能同时传送1000多路电话，而一对细如蛛丝的光纤理论上却可以同时接通100亿路的电话！

据不完全统计，从1987年到2001年，全世界大大小小总共建设了170多个海底光缆系统，总长近亿千米，大约有130余个国家通过海底光缆联网。目前，全世界超过80%的通信流量都由海底光缆承担，最先进的光缆每秒钟可以传输7T（T为计算机储存数据的单位，1T=1024G，1G=1024M）数据，几乎相当于普通1M家用网络带宽的730万倍。通过太平洋的海底光缆已经有5条，每天有数亿网民使用这些线路。

海缆通信技术的变迁

海底线缆通信已有100多年历史，在光缆出现前，使用的都是电缆。1850年，盎格鲁-法国电报公司（Anglo-French Telegraph Company）在英法之间铺设了世界第一条海底电缆，该条电缆只能发送莫尔斯电报密码。1852年，伦敦和巴黎首次被海底电缆联通。1866年，英国在美英两国之间铺设跨大西洋海底电缆取得成功，实现了欧美大陆之间跨大西洋的电报通讯。1876年，贝尔发明电话后，海底电缆具备了新的功能，各国大规模铺设海底电缆的步伐加快了。1902年，环球海底通信电缆建成。

中国第一条海底电缆，是清朝时期台湾地区首任巡抚刘铭传在1886年铺设的通联台湾全岛和大陆的水路电线，主要用途是发送电报。到1888年共完成架设两条水线，一条是福州川石岛与台湾地区沪尾（淡水）之间的177海里水线，主要是提供台湾府向清廷通报台湾地区的天灾、治安、财经，并提供商务通讯使用；另外一条为台南安平通往澎湖的53海里水线。前一条水线在福建外海川石岛的大陆登陆点至今依旧存在，但是台湾地区淡水的具体登陆点已经不可考。

同陆地电缆相比，海底电缆有很多优越性：一是铺设不需要挖坑道或用支架支撑，因而投资少，建设速度快；二是除了登陆地段以外，电缆大多在一定深度的海底，不受风浪等自然环境的破坏和人类生产活动的干扰，所以，海底电缆安全稳定，抗干扰能力强，保密性能好。

当然，海底电缆并不是通信技术发展的终点。海底光缆不但拥有海底电缆的所有优越性，还独具超大容量、超长距离和超快速度通信的优点，难怪它会代替海底电缆，成为通信技术的宠儿。

光纤通信跨越式发展

说到底，正是由于光导纤维的出现，才使海底光缆通信取得跨越式发展。光导纤维简称光纤，是光缆的最重要组成部分。光纤通信技术的发展虽然只有短短半个世纪左右的历史，但却取得了极其惊人的进展。不过，就目前的光纤通信而言，其实际应用仅是其潜在能力的2%左右，尚有巨大的潜力等待人们去开发利用。因此，光纤通信技术并未停滞不前，而是向更高水平、更高阶段方向发展。

首次跨过"20分贝/千米"的门槛

英国物理学家约翰·丁达尔发现了光的全反射原理之后，1955年，英国伦敦帝国学院的纳林德尔·卡帕尼博士根据光的全反射原理，发明了用玻璃制成的极细的光导纤维。其后不断有科学家尝试利用玻璃纤维来传递信息，但那时，由于光线在长距离传输过程中衰减损耗率过高而难以实现。

直到20世纪60年代，英国华裔科学家高锟博士在详细研究了玻璃介质的传输损耗后，于1966年7月，发表了题为《光频率介质纤维表面波导》的论文，提出制造光纤的玻璃纯度是降低光能损耗的关键，而熔炼石英正是可以制造高纯度玻璃的材质。他预言通过加强原材料提纯，只要加入适当的掺杂剂，把光纤的衰耗系数降低到每千米20分贝以下，就可用于通信。而当时世界上用于工业和医学方面的光纤材料，衰耗系数高达每千米1000分贝！高锟的设想被认为是不可能实现的。为此，他不得不四处拜访玻璃工厂，推介他的理论，希望能够找到愿意投资实验的人。

4年后，美国康宁玻璃公司根据高锟的设想，花费3000万美元应用于改进工艺，制造出当时世界上第一根超低耗光纤，得到30米光纤样品，首次跨过了"20分贝/千米"的门槛。这一突破，引起世界通信界的震动，发达国家开始投入巨大力量研究光纤通信。之后，技术不断进步。1972年，光纤衰耗降到4分贝/千米；1974年降到1.1分贝/千米；1979年，日本电报电话公司研制出0.2分贝/千米的极低损耗石英光纤（1.5微米）；1990年，康宁玻璃公司研制的光纤衰耗降到0.14分贝/千米，这已经接近石英光纤的理论衰耗极限值0.1分贝/千米。

光纤制造技术和光电器件制造技术的飞速发展，以及大规模、超大规模集成电路技术和微处理机技术的发展，带动了光纤通信系统从小容量到大容量、从短距离到长距离、从低水平到高水平的迅猛发展。1976年，美国贝尔实验室在亚特兰大到华盛顿间建立了世界第一条实用化的光纤通信线路，速率为45Mb/s，采用的是多模光纤，光源用的是发光二极管（LED），波长是0.85微米，中继距离为10千米。1980年，多模光纤通信系统商用化（速率达到140Mb/s），并着手单模光纤通信系统的现场试验工作。1990年，单模光纤通信系统进入商用化阶段（速率达到565Mb/s），并陆续制定数字同步体系（SDH）的技术标准。1995年，速率为2.5Gb/s的SDH产品进入商用化阶段。1996年，速率10Gb/s的SDH产品进入商用化阶段。1997年，采用零色散移位光纤和波分复用技术（WDM）的20Gb/s和40Gb/s的SDH产品试验取得重大突破。此外，在光弧子通信、超长波长通信和相干光通信方面也正在取得巨大进展。

中国光纤通信发展

我国光通信起步较早，1969年，邮电部想靠大气传送光信号来实现军用通信，邮电部武汉邮电科学研究院（当时是武汉邮电学院，以下简称邮电学院）接受任务，便开始光纤通信研究。当时，光纤通信技术在欧美发达国家也才刚刚起步，而我国又恰好处于封闭状态，所以一切都要靠自己摸索。由于邮电学院采用了石英光纤、半导体激光器和编码制式通信机的正确技术路线，所以我国在发展光纤通信技术上少走了许多弯路。

在当时研制光纤，原料提纯、熔炼车床、拉丝机，还包括光纤的测试仪表和接续工具等都全部要自己开发。1976年上半年，邮电学院拉制出了我国第一根200米光纤样品。1979年，制出了我国第一条实用光纤，每千米衰耗为4分贝。1979年9月，一条3.3千米的120路光缆通信系统在北京建成。1982年1月1日，邮电部在武汉开通了我国第一条8Mb/s实用化市话光纤工程（俗称"八二工程"）。从此，我国的光纤通信进入实用阶段。到80年代中期，我国光纤通信的速率已达到144Mb/s，可传送1980路电话，超过同轴电缆载波。于是光纤通信在传输干线上全面取代同轴电缆。

2000年，我国光缆干线总长度达到120万千米，其中中国电信约占70%份额，其余约30%份额由中国联通、网通等公司拥有，共建成一级干线23条，在全国形成"八横八纵"的光缆骨干网实体结构，覆盖全国省会以上的城市和70%的地级市，全国通信网的传输光纤化比例已高达80%以上，沿海地区很多省光纤已到乡，大城市光纤已经通达入户。

自1989年开始到1998年底，我国先后参与了18条国际海底光缆的建设与投资。其中第一个在中国登陆的国际海底光缆系统是1993年12月建成的中国—日本（C-J）海底光缆系统，从上海南汇至日本九州宫崎，全长1252千米，通信总容量达7560条通话电路，相当于建于1976年的中日海底同轴电缆的15倍以上。

1996年2月，中韩海底光缆建成开通，分别在中国青岛和韩国泰安登陆，全长549千米；1997年11月，中国参与建设的全球海底光缆系统建成并投入运营，这是第一条在我国登陆的洲际光缆系统，分别在中国、英国、埃及、印度、泰国、日本等12个国家和地区登陆，全长27000多千米，其中中国段为622千米。

跨太平洋直达光缆系统

跨太平洋直达光缆系统（Trans-Pacific Express，简称TPE）是世界首条海底高速直达光缆。它于2006年12月，由中国网通、中国电信、中国联通、中国台湾中华电信、韩国电信和美国Verizon通讯公司等中、韩、美六大网络运营商在北京签署协议，共同出资5亿美元修建。

此前，中美两国之间的多数网络通信必须绕道中国香港或日本，经常造成比较大的网络延时问题。而该海缆不再绕道日本，将从中国的山东青岛、上海崇明、台湾淡水，韩国的巨济岛和美国的俄勒冈州登陆，网络总线路长度约26000千米（两期合计）。中国电信建设的南段由上海崇明直达美国俄勒冈，中国网通建设的北段由青岛至美国俄勒冈，2007年10月22日开工建设。工程分两期进行，初期开通跨太平洋容量800Gb/s，亚洲本地容量400Gb/s。TPE是首个直通中美的新一代海底光缆系统，也是7年多来首个登陆美国西海岸的主要海底光缆系统。

该光缆可以容纳1920万人同时通话，或者相当于同时传递16万路高清电视信号，它的最终性能是原有线路的60倍以上。TPE海缆于2008年7月建成，显著提高了跨太平洋传输带宽，为2008年奥运会提供高清电视信号传送等广泛的带宽服务做出了重要贡献。

海底光缆北段正式开通后，会给青岛市民带来哪些实惠和好处？青岛网通相关人员表示，青岛乃至中国北方市民拨打越洋长途电话时，通话质量将更加清晰，而登录新浪、雅虎等国内网站和国外网站时，有从普通道路驶上高速公路的感觉。另外，该条光缆在网络电话、网络电视等方面都发挥了积极作用。

此外，这条新光缆还避开了中国台湾南部海域地震频发区，降低了地震对海缆的破坏概率。由于光缆技术上的先进性和路线设计的合理性，也使得这条中美间兆兆级直达海底光缆成为单位成本最低的横跨太平洋海底光缆系统。而铺设成本的降低，必将为通讯资费的降低创造有利条件，使得越洋长途电话的资费进行下调。

由于采用了当前最先进的多种通信技术，该光缆将是首条可为客户提供中美间10G波长直连的光缆系统。有关专家认为，该光缆的建成，不但为我国民众与国外通信沟通提供了更多便捷，满足中国与国际间日益增长的通信需求，而且为我国信息化建设，为进一步加强对外开放，支撑企业走出去战略，提供了一个平台和桥梁。从另一个角度来看，该光缆作为跨亚太地区的合作项目，对我国电信运营商进一步走出国门，加强与海外运营商的合作，也具有里程碑式的意义。

光缆是信息高速路的基石

海底光缆是经过特殊设计后铺设在海底的光缆，用以设立国家之间的电信传输。海底光缆现在实行分区维护，出于安全目的，海缆平时也需维护。因为如果有人把海底光缆捞出来，加进光纤，就可以偷走信息。如果发生战争，也可能有人破坏光缆。虽然从这个角度来说，光缆并不是绝对安全的通信方法，但是，由于卫星、微波等通信方法的信道有限，它们不能取代海底光缆，只能作为它的补充手段，所以海底光缆还是现在通信的最好解决办法，是能让广大用户以极便宜的方式进行沟通的最好选择。

光导纤维的原型

光，也许是最平常却又最不平常的东西。它时刻在人身旁，却又一直无法被捕捉、称量。现代科学创造的奇迹之一，就是捉到光并能够使其像水流、电流一样沿着某种"管道"传输。不过，这种管道既不是小溪，也不是导线，而是一种特殊的玻璃丝，人们称它为光导纤维，简称光纤。

光纤如今已经在世界范围内得到广泛应用，它为人类的科技事业作出了重要的贡献。在认识光纤之前，还是让我们先来了解一段与光纤有关的历史吧。

1870年的一天，英国物理学家约翰·丁达尔到皇家学会讲演光的全反射原理。在讲演中，他做了一个非常简单却有趣的实验：在一个装满水的木桶上钻一个小孔，然后用灯从桶上边把水照亮。这时，人们看到了惊奇的一幕：被光照亮的水从水桶的小孔里流出来，形成一股水流，水流弯弯曲曲地前进，光线也包裹在水流里面（相当于一个管道），跟着弯弯曲曲地前进——光线竟然被水流俘获了！

很奇怪！光线不是沿着直线传播，且在同一均匀介质（例如这里的水）

中不发生折射吗？它应该直接穿出水流射向空气啊，怎么会弯弯曲曲地沿水流传播呢？

其实，这就是光导纤维的原型，这一原型的最重要一点理论依据就是光的全反射。后来的科学家正是在这一原型的启发下，利用光的全反射原理，制造出光导纤维的。

光导纤维的全反射

光导纤维，顾名思义，就是一种用来传导光的玻璃纤维丝，它是用高纯度的双层玻璃棒在高温下机械拉伸而成。光纤的直径一般只有几十微米，相当于我们的头发丝那么细。光纤虽然如此细，但传导光的能力非常强。例如，一条光缆通路同时可容纳十亿人通话，也可同时传送多套电视节目。光纤如此高的通讯质量离不开全反射的功劳。那么，什么是光的全反射呢？

当光以一定角度从水中射向空气中时，光线在交界面发生折射的同时也会发生反射，此时折射角大于入射角。改变光线的入射角度，使其不断增大，那么折射角也会不断跟着增大。当入射角增大到一定数值时，此时折射光线突然消失，只剩下反射光线。这就是光的全反射。

使折射光线突然消失的入射角叫作临界角。科学研究表明，要想使光线发生全反射，必须满足两个条件：一个是光必须由光密介质（折射率高，如水、玻璃）射向光疏介质（折射率低，如空气），另一个就是入射角必须大于临界角。

在丁达尔的光导纤维原型中，因为光从水中射向空气的入射角恰好大于临界角，所以光线在水与空气的界面发生全反射。全反射不断地发生，使得光线最终弯弯曲曲地跟随水流流动。同样的道理，光导纤维是一种直径只有几微米到几十微米的透明玻璃丝，它就相当于水流管道，尽管口径极小，但光线仍然可以进入其中。当光线以大于临界角的角度射进光纤内时，光线在里面发生全反射，一次次的全反射致使光线在光纤内不会损失，完全从一端射到了另一端。

在实际制造中，为更好地防止光线在传导过程中向外泄露，通常在玻璃细丝（叫作芯线）的外层加上一个"外套"，这个"外套"也是一种玻璃类材料，它的折射率比芯线要低。这样，当光线以大于临界角的角度进入芯线时，由于"外套"的折射率比芯线折射率要小，满足"从光密到光疏"的条件，所以仍然会发生全反射。

光缆终将取代电缆

光作为一种电磁波，同样可以像无线电波一样成为信号的载体。当载有声音、图像以及各种数字信号的激光从光纤的一端输入，因全反射的缘故，它在到达另一端时，信号损失很少，因而通信质量极高。

一条小小的玻璃丝构成一根光纤，无数根光纤组合在一块就构成了光缆。光纤比现在常用的铜电缆的功率损耗要小一亿倍，使其能传输的距离要远得多。而且光缆的质量小而细，不怕腐蚀，铺设也很方便，相较于传统的电缆，光缆具有许多无可比拟的优势，因此它在现代通信中正扮演着越来越重要的角色。

现在，光缆已经被广泛铺设——不仅铺设在地上、地下，就连海底也已经铺设。相信在不远的将来，人们抬头看到的将不再是那些密麻麻、沉甸甸的电缆，而是那些轻巧简洁的光缆。

前面我们已经提到，以电话通信为例，光缆相比电缆的优势确实明显。然而，光缆的优势不只限于电话通信。如今已经是网络信息时代，很少有年轻人没有上过网的。上过网的人都会有这样的经历：浏览网页时，页面打开速度非常慢；在线观看视频时，画面非常不流畅，经常"卡"；下载大体积的文件时，总是半天也下载不下来……出现这样的情况，都是由于网络通信线路采用电缆以致信道过窄的缘故。如果采用光缆作为网络通信线路，这一情景就能够得到大大改观。因为光缆信道非常宽，信息传播速度也非常快，不会出现这种"拥堵"的情况。

此外，在产品造价、抗干扰、保密性甚至架设工序上，光缆也比电缆更具优势。总之，光缆如今已是信息社会各种信息网的主要传输工具。如果把"互联网"称作"信息高速公路"的话，那么，光缆就是"信息高速公路"的基石。

海底光缆结构复杂

进入20世纪90年代，海底光缆已经和卫星通信一起，成为当代洲际通信的主要手段。目前，世界各国的网络可以看成是一个大型局域网，海底和陆上光缆将世界各国的网络连接成为国际互联网，光缆可比是互联网的"中枢神经"，而美国几乎是互联网的"大脑"。因为作为互联网的发源地，美国存放着很多的Web（网络）和IM（即时通讯，如MSN）等服务器，全球解析域名的13台根服务器就有10台在美国，各国用户登录.com、.net网站或发电子邮件，数据几乎都要到美国的根服务器上绕一圈才能到达目的地。连接"中枢神经"和"大脑"的是海底光缆系统，它分为岸上设备和水下设备两大部分。岸上设备将语音、图像、数据等通信业务打包传输。水下设备分为海底光缆、中继器和"分支单元"三部分，负责通信信号的处理、发送和接收。其中，海底光缆是其中最重要的也是最脆弱的部分。

海底光缆设计必须保证光纤不受外力和环境影响，其基本要求是：能适应海底压力、磨损、腐蚀、生物等环境；有合适的铠装层防止渔轮拖网、船锚及鲨鱼的伤害；光缆断裂时，尽可能减少海水渗入光缆内的长度；具有一个低电阻的远供电回路；能承受敷设与回收时的张力；使用寿命一般要求在25年以上。

因此，海底光缆的结构比较复杂：光纤设在U形槽塑料骨架中，槽内填满油膏或弹性塑料体形成纤芯；纤芯周围用高强度的钢丝绕包，在绕包过程中要把所有缝隙都用防水材料填满，再在钢丝周围绕包一层铜带并焊接搭缝，使钢丝和铜管形成一个抗压和抗拉的联合体；在钢丝和铜管的外面还要再加一层聚乙烯护套。这样严密多层的结构是为了保护光纤、防止断裂以及防止海水的侵入。在有鲨鱼出没的地区，在海缆外面还要再加一层聚乙烯护套。

海底光缆要求结构坚固、材料轻，但它不能用轻金属铝来制造，因为铝和海水会发生电化学反应而产生氢气，氢分子会扩散到光纤的玻璃材料中，使光纤的损耗变大。因此海底光缆不但要防止内部产生氢气，同时还要防止氢气从外部渗入。为此，在90年代初期，研制开发出一种涂碳或涂钛层的光纤，能阻止氢气的渗透和防止化学腐蚀。光纤接头也要求是高强度的，接续之后，既要保持原有光纤的强度，又要保证原有光纤的表面不受损伤。

此外，海底光缆的铺设和维修都异常困难，被世界各国公认为复杂困难的大型工程。在浅海，如水深小于200米的海域，缆线采用埋设，而在深海则采用敷设。水力喷射式埋设是主要的埋设方法。埋设设备的底部有几排喷水孔，平行分布于两侧，作业时，每个孔同时向海底喷射出高压水柱，将海底泥沙冲开，形成海缆沟；设备上部有一导缆孔，用来引导光缆（电缆）到海缆沟底部，由潮流将冲沟自动填平。埋设设备由施工船拖曳前进，并通过工作电缆做出各种指令。深海敷设设备敷缆机，一般没有水下埋设设备，靠海缆自重敷设在海底表面。

怎样修复海底光缆

海底光缆的修复工作异常复杂。一旦光缆出现问题，单是在茫茫大海中准确找到光缆的位置，再从几千米深的海床上打捞起直径不到10厘米的光缆，其难度就不亚于大海捞针。而因为修复工作需要在海面上进行，所以还要考虑维修船行驶的时间和海浪、天气等因素带来的不利影响。概括来说，海底光缆的修复工作都需要经历查找断点、打捞光缆、修补光纤、重新包裹、重新放置这几个步骤。

第一步查找断点。常用的方法是在海底光缆岸端的终站或始站将光缆取下，用机器向光纤中输入光脉冲，光脉冲遇到光纤断裂面会产生特殊反射光，再根据时间、折射率等进行计算，就可以确定断点的具体位置。

第二步打捞。如果光缆在水下不足2000米的深处，可以派出遥控机器人潜入水中，通过扫描检测，找到破损光缆的精确位置；然后将浅埋在泥中的光缆挖出，用电缆剪刀将其切断；再将两段光缆分别系在船上放下的绳子上，由船上人员将其拉出海面。同时，机器人在切断处安置无线发射应答器。如果光缆位于水深约3000米至6000米的海域，机器人也无法深入海底工作，就只能一种用抓钩将海缆从海底抓起的方法。抓钩收放一次就需要12个小时以上。因为海底光缆本来是平铺的，从三四千米深的海底将其拉起来，牵扯范围能达到方圆几千米，所以一定要慢、要稳。在海缆铺设密集的海域，海缆还可能互相交错，打捞时要注意不破坏其他海缆系统，所以任务很艰巨。

第三步修补。这一步也是难度最大的一步。毁损的光缆捞到船上后需要替换掉。光纤是一种直径仅几十到几百微米的玻璃纤维丝，大约只有一根头发丝粗细，一条光缆包含许多根光纤。替换光缆时，要将光纤的两头完全平整对接，并且要一根一根地用光纤熔接机熔接，其技术含量相当高。也因此，连接光缆接头这种活不是一般人能够胜任的，必须是经过专门的严格训练、并拿到国际有关组织的执照后的人员，才能上岗操作。像这样的"接头工"，在我国的人数并不多。

第四步重新包裹。由于是在船上操作，这道工序又比工厂生产光缆时难度要大。

第五步重新放置。光缆修复好后，经反复测试，通讯正常，就可以抛入海中。在浅海海域，则由水下机器人对修复的海底光缆进行"冲埋"，即用高压水枪将海底的淤泥冲出一条沟，将修复的海底光缆"安放"进去。

全球首例大熊猫基因组序列图

"大熊猫基因组"发表

2009年12月13日，由深圳华大基因研究院领衔，中国科学院昆明动物研究所、中国科学院动物研究所、成都大熊猫繁育研究基地和中国保护大熊猫研究中心参与的合作研究成果《大熊猫基因组》在《自然》（Nature）杂志上公布。这份报告认为，大熊猫不会濒于灭绝。这样的说法，很快就引起了大熊猫专家的大讨论：我国的濒危野生动物大熊猫，难道将摘掉濒危的帽子，破除灭绝传言？

全球第一个使用新一代合成法测序技术

在完成了全球第一例中国人标准基因组测序之后，中国人又完成了首例中国国宝——大熊猫的基因组测序工作。出于保护隐私的考虑，研究者并没有公布那位世界首例被测序的中国人是谁，不过我们知道首只被测序的大熊猫叫什么名字，它叫"晶晶"。

大熊猫"晶晶"的基因测序成果，是全球第一个使用新一代合成法测序技术完成的基因组序列图，全部组装和分析软件都是深圳华大基因研究院自主编写的。该成果证明了短序列也能组装成完整基因组，并将成为基因组绘图的国际标准。新的测序技术使得成本降低了几个数量级，时间也缩短了几倍，极大加速了解码生命的进程。

大熊猫真是"熊"

大熊猫有黑眼圈、圆身子，憨态可掬，但是测出来的基因图谱看上去也无非是一些数字。对一般人来说，每一份基因图谱都能被称为"世界上最无聊的书"。好在现在科学已经超越了仅仅能够破解基因图谱的阶段，科学家可以从中读出很多有用的信息。

首先，在基因组测序并公布的哺乳动物——人、猩猩、老鼠、牛、马和狗中，大熊猫的基因和狗最接近。这也不出乎人们意料：都是食肉动物。其次，数据分析结果进一步支持了大多数科学家所持的"大熊猫是熊科的一个种"这种观点，证明了熊科内部各类群的分类情况。此前，我国的动物分类学家曾经倾向于把大熊猫单列一个科，称"熊猫科"，而国外的动物分类学家则多把熊猫放在"熊科"里。现在我国也开始倾向于后一种分类法，也就是说熊猫只是一种吃竹子的熊而已。可惜，现在还没有人做过熊科其他成员的基因组测序。不过，华大基因研究所正在做北极熊的基因组测序，结果将会在测序完成后公布。

这么说，大熊猫是食肉目动物。那么，大熊猫怎么变得不爱吃肉了呢？主持这项研究的华大基因研究所田埂博士表示，研究者找到了一个叫作T1R1的味觉受体，它在大熊猫基因组中"失去活性"成为"假基因"。这个受体基因在高等动物中主要作用是感觉"鲜味"，也就是说大熊猫至少失去了一部分感知"鲜味"的能力，而且这个基因的"失活"是发生在相对比较晚近的演化年代中。这或许能够解释，为什么大熊猫成了食肉目动物中罕见的"食素者"。

那么，大熊猫是如何消化粗硬的竹子的呢？在与消化相关的基因研究和定位中，研究者没有发现特殊的基因和基因突变，这暗示大熊猫消化粗纤维的能力，或许不是来自自身的特殊基因，而是来自大熊猫肠道微生物的作用，而对于大熊猫肠道微生物的研究，也正在进行中。

较高的遗传多态性

2009年在成都召开的大熊猫繁育技术委员会的工作报告显示：2008～2009

年全球大熊猫圈养繁育情况良好，共繁殖大熊猫41胎61仔，幼仔成活率达90.1%；全球圈养大熊猫种群数量已有294只，基本达到过去拟定的圈养大熊猫300只的发展目标；2010年种群数量将超过300只——这意味着圈养大熊猫种群已基本达到种群自我维持的状态。

该报告刚一出炉，就在网上各大论坛引起激烈讨论，"假如大熊猫圈养种群已达300只，是否表明大熊猫脱离濒危状态"等提问四起。

"大熊猫基因组"项目的研究结果，从熊猫种群的角度为上述问题给出了答案：大熊猫有染色体21对，基因组大小2.4Gb，重复序列含量36%，基因2万多个，经过二倍体测序，证明大熊猫基因组仍然具备很高的杂合率，从而推断种群具有较高的遗传多态性，不会濒于灭绝。华大基因研究所还开展了一个关于大熊猫群体的研究课题，这个课题选取了来自5个主要野生熊猫聚居的地区，对大熊猫群体进行基因组水平的多态性调查，以确定大熊猫种群的退化情况。

然而现实中，由于大熊猫来源珍贵，因此一两只生殖能力强的大熊猫往往承担了大部分繁殖任务。如在四川卧龙中国保护大熊猫研究中心，与大熊猫"盼盼"有亲缘关系的大熊猫就占了17%，这就很容易造成大熊猫的近亲繁殖。大熊猫工作者一直把遗传安全作为大熊猫种群安全非常重要的指标，因为近亲繁殖的结果不光是影响大熊猫的基因表现，而且容易造成死胎，大熊猫幼仔的生存能力下降。这将违背了人类繁殖大熊猫的初衷。为了有效地避免圈养大熊猫近亲繁殖带来的问题，从20世纪80年代起，圈养大熊猫之间的"换亲"就得到了国家有关方面的大力支持，各大研究单位也展开了合作与交流。

本次基因组研究的意义就在于，希望随着人类对大熊猫群体研究的深化，能够给每一个大熊猫提供一份"基因身份证"，这个身份证可以为未来的人工繁育大熊猫提供相应的资料，避免"近亲"繁育造成"种群退化"，更好地保护熊猫的遗传多态性。这同时也为熊猫疾病和药物反应的研究提供了基础资料，对大熊猫的保护具有非常大的现实意义。

田埂博士还强调，基因作为一种重要的资源，是目前各国科学家争夺的对象，大熊猫作为我国特有的物种，有其特殊的遗传背景，是一个特殊的基因库，保护濒危动物首先保护基因。而基因组研究，正是在最大层面上保护基因资源。

终极目标是保护大熊猫栖息地

大熊猫作为世界上最古老的物种之一，目前的数据是：世界上的野生大熊猫仅存约1590只，主要分布在我国四川省周围的崇山峻岭之中，被称为"活化石"。

本次大熊猫基因组研究成果填补了大熊猫基因组及分子生物学研究的空白，将从基因组学的层面上为大熊猫这种濒危物种的保护、疾病的监控及其人工繁殖提供科学依据。不过，大熊猫专家、北京大学教授潘文石的研究小组曾对秦岭大熊猫进行了长达13年的野外和实验室研究，得出的结论是：秦岭大熊猫的DNA（脱氧核糖核酸，一种可组成遗传指令的分子）具有多样性，目前还没有下降到近亲繁殖的程度，因此野生大熊猫也完全有能力生存和繁殖后代。因而，现在最需要做的事情，也是大熊猫保护者的最后一道"防线"——野生大熊猫保护。保护野生大熊猫，首先要保护自然形成的大熊猫野生"庇护所"和维持大熊猫的野生种群数量。

中国保护大熊猫研究中心主任张和民认为，我国从20世纪70年代第一次大熊猫普查工作开始开展了大熊猫科研工作，人工繁育的成功表明对大熊猫的研究取得了阶段性胜利，但最终的大熊猫保护还在于保护其栖息地，因为终极目的是让圈养大熊猫走向野外：假如栖息地被破坏，环境恶化，即便是大熊猫具有较高的遗传多态性，它也终将无法生存下去。因此，我们平常所说的"保护大熊猫"的含义其实是保护大熊猫及栖息地，保护整个生态环境。

大熊猫的秘密

动物园里最有人气的大熊猫，人们都见过它们吃竹子的样子，但是你可知道，大熊猫本来是食肉的，只是由于生存环境发生了变化，为了生存，必须适应环境才开始吃素的，而且自此之后，它们就爱上了竹子。

爱吃竹子

大熊猫是我国特有动物，因而所代表的就是中国，我国政府多次将大熊猫作为国礼赠送给一些友好的国家，让它担负着"和平大使"的任务，带着中国人民的友谊，远渡重洋去向世界传播。可是，现在世界上大熊猫的数量估计只有1000只左右，大熊猫因此被列入世界濒危物种名单。造成这个结果的原因，可以从大熊猫的饮食习惯中去找。

大熊猫食物成分的99%是高山深谷中生长的竹类植物，几乎包括了在高山地区可以找到的各种竹子，它们喜欢吃竹子最有营养、含纤维素最少的部分，即嫩茎、嫩芽和竹笋。大熊猫独特的食物特性使它被当地人称作"竹熊"。

大熊猫吃竹很"挑剔"。一般来说，每年春天刚到来时，因为竹叶营养成分差，大熊猫多喜欢吃竹竿。到4月份竹笋出来后，就开始吃竹笋。6月份前后，新鲜的竹叶长出来了，营养价值高，口感也好，大熊猫又喜欢吃竹叶。等到8月底到9月份，秋笋出来后，大熊猫们又会偏爱秋笋。总之，大熊猫最喜爱的是竹笋，因为竹笋幼嫩多汁，适口性好，易消化吸收，是大熊猫的美味佳肴。每年从春到秋，为了吃到不同海拔高度不同种的竹子和竹笋，大熊猫会从中山到高山迁徙，这叫"赶笋"。由于大熊猫的食谱如此特殊，大熊猫栖息地通常有至少两种竹子，当一种竹子开花死亡时（竹子每30～120年会周期性地开花死亡），大熊猫可以转而取食其他的竹子。

大熊猫像人类一样的大拇指能帮助抓握竹竿，强而有力的双颚及后方扁平的白齿能让它们咬碎竹子坚韧难嚼的纤维，胃中一层厚厚的黏膜能防止它们的胃被竹子尖锐的碎片划伤。但大熊猫没有像其他草食动物那样的像梳子一般的尖牙，它们的胃中也没有草食动物该有的"纤维消化细菌"来帮助消化和吸收植物中的纤维和养分，再加上竹子十分粗糙，养分非常少，所以每只大熊猫每天都要花长达14个小时的时间用于取食。它们每天要吃10～40公斤的竹子（接近其体重的40%），并咀嚼上千次才能摄取足够的营养。

正因为大熊猫十分挑食，食量又大，而近年来人们对竹林的开发致使大熊猫能够食用的竹子越来越少，所以它们的数量才会走到岌岌可危的地步。

本来食肉

　　基因测序的内容告诉我们，大熊猫确实是食肉目动物。这也解释了为什么当食物缺乏时，大熊猫会一反常态，捡食动物尸体，或捕捉较小的动物为食。通过大熊猫的粪便可以发现，它们既会在田地里和人类的剩饭中找东西吃，偶尔也会吃小动物，比如竹鼠。为了咀嚼很硬的竹子，大熊猫拥有结实的牙齿和下颚，这种生理结构也很适合吃小动物。

　　其实，大熊猫的祖先是名副其实的肉食动物：有尖锐发达的犬齿、较短的肠道和肉食动物的消化生理特点。大熊猫在进化过程中仍保留了祖先的这些特点，只是由于生存环境发生了很大改变，它们为了生存，食性和习性必须适应环境。

　　但大熊猫为什么选择食竹这种生活方式，至今令人费解。从生态学角度看，大熊猫依靠最广泛、稳定分布于北温带，营养低劣却贮量丰富的食物存活至今，使人们觉得它们是进化历程中的一个久经考验的胜利者，但它却失去了竞争感和好奇心，从而循规蹈矩，特化自己以竹子为食，并采取尽可能减少活动范围和活动量，多休息以节能的特殊活动方式。渐渐地，它们退居深山竹林，适应了低营养、低消化率的竹类，过着与世无争的"隐士"生活。于是，现代的大熊猫就变成了"食素者"。

基因组测序相关术语

　　什么是基因组？基因组就是一个物种中所有基因的整体组成。基因组有两层意义：遗传信息和遗传物质。要揭开生命的奥秘，就需要从整体水平研究基因的存在、基因的结构与功能、基因之间的相互关系。

什么是基因组测序

　　基因组测序是对某个物种基因组核酸序列的测定，最终要确定该物种全基因组核酸的序列。核酸序列也称为核酸的一级结构，使用一串字母表示的

YAOYAN DUOMU DE SHIJIE DIYI

真实的或者假设的携带基因信息的DNA分子的一级结构。每个字母代表一种碱基（A，T，C，G），两个碱基形成一个碱基对，碱基对的配对规律是固定的：A-T，C-G。三个相邻的碱基对形成一个密码子。一种密码子对应一种氨基酸，不同的氨基酸合成不同的蛋白质。在DNA的复制及蛋白质的合成过程中，碱基配对规律是十分关键的。基因组测序主要有两种方法："鸟枪法"和克隆重叠群法。

基因测序"鸟枪法"，也俗称"霰弹法"。简单地说，它有点类似生活中玩的拼图游戏。拼图游戏是将一个完整的画面分成杂乱无章的碎块，然后重新拼装复原。而"鸟枪法"则是先将整个基因组打乱，切成随机碎片，然后测定每个小片段序列，最终利用计算机对这些切片进行排序和组装，并确定它们在基因组中的正确位置。

"鸟枪法"最初主要用于测定微生物基因组序列。近年来，美国塞莱拉公司先后利用改进的全基因组"鸟枪法"完成了果蝇和人类基因组的测序工作，证明了它在测定大基因组上的可行性和有效性。

"鸟枪法"优点是速度快，简单易行，成本较低。但用它来测序，最终排序结果的拼接组装不太容易。中国科学家设计出了一种序列组装软件，能有效克服"鸟枪法"全基因组测序组装过程中的困难。

克隆重叠群法又叫克隆叠连群。DNA测序不能从染色体进行，首先必须克隆化，构建基因组的物理图谱。以YAC（酵母人工染色体，是结构上能模拟真正酵母染色体的线状DNA分子）或BAC（细菌人工染色体，是含有某种生物体全部基因的随机片段的重组DNA克隆群体）为载体，先构建片段DNA克隆，并把克隆依染色体排序，这就是"染色体的克隆图"。依片段DNA克隆在染色体上所在的位置排序，可以得到相互重叠的一系列克隆，叫作"克隆重叠群"。

在大规模DNA测序中，目标DNA分子的长度可达上百万个碱基对（DNA长度单位，简写为bp）。现在还不能直接测定整个分子的序列，然而，可以得到待测序列的一系列序列片段。序列片段是DNA双螺旋中的一条链的子序列（或子串）。这些序列片段覆盖待测序列，并且序列片段之间也存在着相互覆盖或者重叠。在一般情况下，对于一个特定的片段，我们不知道它是属于正向链还是属于反向链，也不知道该片段相对于起点的位置。另外，这样的序列片段中还可能隐含错误的信息。序列片段的长度范围300~1000 bp，而目标序列的长度范围是3100万bp，总的片段数目可达上千个。

DNA序列片段组装，又称序列拼接，其任务就是根据这些序列片段，重建目标DNA序列。如果能够得到DNA一条链的序列，那么根据互补原则，另一条链的序列也就得到了。

新一代合成法测序技术

新一代合成法测序技术单次运行可获得95千兆字节数据。这么庞大的测序数据给DNA序列的拼接带来新的问题，尽管测序速度提高了，可是序列拼接这个关键步骤没有提高，整个基因组图谱绘制工作的速度就会被降低。尤其是，测序过程中所获得的大量DNA小片段，要将其快速而精确地拼接起来成了问题。

拼接DNA序列就如组装七巧板一般，将这些细小的片段组成完整的序列是十分困难的。华大基因研究院的科学家们开发的新组装技术以图论和重复序列特征为基础参照参考序列进行拼接。

图论是数学的一个分支。它以图为研究对象。图论中的图是由若干给定的点及连接两点的线所构成的图形，这种图形通常用来描述某些事物之间的某种特定关系，用点代表事物，用连接两点的线表示相应两个事物间具有这种关系。

重复序列是指基因组中有数千个到几百万个拷贝的DNA序列。这些重复序列的长度为6~200碱基对。重复序列在基因组中所占比例随种属而异，约占10%~60%，在人基因组中约占20%。

目前，华大基因研究院的科学家已经使用这些拼接技术对人基因组和大熊猫基因组进行了拼接，接下来，他们将尝试用这一技术应用在其他物种测序拼接中。

核酸序列分析

针对核酸序列的分析就是在核酸序列中寻找基因，找出基因的位置和功能位点的位置，以及标记已知的序列模式等过程。在此过程中，确认一段DNA序列是一个基因，需要有多个证据的支持。

一般而言，在重复片段频繁出现的区域里，基因编码区和调控区不太可能出现；如果某段DNA片段的假想产物与某个已知的蛋白质或其他基因的产物具有较高序列相似性的话，那么这个DNA片段就非常可能属于外显子片段；在一段DNA序列上出现统计上的规律性，即所谓的"密码子偏好性"，也是说明这段DNA是蛋白质编码区的有力证据；其他的证据包括与"模板"序列的模式相匹配等。

通常情况下，确定基因的位置和结构需要多个方法综合运用，而且需要遵循一定的规则：对于真核生物序列，在进行预测之前先要进行重复序列分析，把重复序列标记出来并去除；选用预测程序时要注意程序的物种特异性；要弄清程序适用的是基因组序列还是cDNA（互补脱氧核糖核酸）序列；很多程序对序列长度也有要求，有的程序只适用于长序列，而对EST（表现序列标志，一种由cDNA库中取出的特定DNA）这类残缺的序列则不适用。

什么是二倍体

凡是由受精卵发育而来，且体细胞中含有两个染色体组的生物个体，均称为二倍体。可用2n表示。人、大熊猫和几乎全部的高等动物，还有一半以上的高等植物都是二倍体。

染色体倍性是指细胞内同源染色体的数目，只有一组称为"单套"或"单倍体"，两组称为"双套"或"双倍体"。多倍体又分异源多倍体和单源多倍体，前者的染色体来自不同种。在双套生物中，有一个过程，将双倍体的细胞分裂成单倍体，使配子结合后的合子为双倍体，称为减数分裂。有些生物以倍性来决定性别：雌性为双倍体，雄性为单倍体。有些生物是多倍体，有多于两套染色体，譬如金鱼、鲑鱼、蚂蟥、扁形虫、有尾目和蕨类植物。多套的动物通常都是低等动物。

而人类，只有精子和卵子是单倍体，其他细胞都是双倍体。如果一个人类胚胎部分染色体为多倍体，多数不能正常发育。

世界最大风力发电基地
——甘肃酒泉

中、外风电的发展

目前，全世界使用的能源有90%取自化石燃料，从探明的化石燃料总储量分析，现在地球上分别有：石油1万亿桶、天然气120万亿立方米、煤炭1万亿吨。按照现今全世界对化石燃料的消耗速度计算，这些能源可供人类使用的时间大约还有：石油，45～50年；天然气，50～60年；煤炭，200～220年。这些资源的储量都会随着人类的消耗而越来越少。

因而，尽量减少对不可再生资源的消耗，在可能的情况下使用可再生能源（如太阳能、风能、海洋能、生物能等），是世界各国人民从现在起要关心和参与的事情。

发现风的潜能

风是一种潜力很大的新能源，18世纪初，横扫英法两国的一次狂暴大风，摧毁了400座风力磨坊、800座房屋、100座教堂、400多条帆船，并有数千人受到伤害，25万株大树被连根拔起。仅就拔树一事而言，风在数秒钟内就发出了750万千瓦的功率！有人估计过，地球上可用来发电的风力资源约有100亿千瓦，几乎是现在全世界水力发电量的10倍。目前全世界每年燃烧煤所获得的能量，只有风力在1年内所提供能量的1/3。因此，国内外都很重视利用风力来发电，开发新能源。

利用风力发电的尝试，早在20世纪初就已经开始了。20世纪30年代，丹麦、瑞典、苏联和美国应用航空工业的旋翼技术，成功地研制了一些小型风力发电装置。这种小型风力发电机，广泛地应用在多风的海岛和偏僻的乡村，其电力成本比小型内燃机的发电成本低得多。不过，当时的发电量较低，大都在5千瓦以下。

1978年1月，美国在新墨西哥州的克莱顿镇建成的200千瓦风力发电机，其叶片直径为38米，发电量足够60户居民用电。而1978年初夏，在丹麦日德兰半岛西海岸投入运行的风力发电装置，其发电量则达2000千瓦，风力装置高57米，所得发电量的75%送入电网，其余供给附近的一所学校使用。

1979年上半年，美国在北卡罗来纳州的蓝岭山，又建成了一座世界上最大的发电用的风车。这个风车有10层楼高，风车钢叶片的直径60米；叶片安装在一个塔形建筑物上，因此风车可自由转动并从任何一个方向获得电力；风力时速在38千米以上时，发电能力也可达2000千瓦。由于这个丘陵地区的平均风力时速只有29千米，因此风车不能全部运转。据估算，即使全年只有一半时间运转，它也能够满足北卡罗来纳州7个县1%～2%的用电需要。

各国风电迅猛发展

目前，风力发电（简称风电）在新能源和可再生能源行业中增长最快，年增达35%，美国、意大利和德国年增长更是高达50%以上。德国风电已占总发电量的3%，丹麦风电已超过总发电量的10%。由于风力发电技术相对成熟，许多国家投入较大、发展较快，使风电价格不断下降，目前风力发电成本0.4～0.7元／千瓦·时，若考虑环保和地理因素，加上政府税收优惠和相关支持，在有些地区已可与火力发电等能源展开竞争。

风力发电机容量从0.1～5000千瓦，有许多种规格。中小型风机多离网独立运行，中大型机组多组成风电场或风力田并网发电。目前，并网发电以850～1500千瓦为主导机组，也有少量3～5兆瓦机组投入使用，最大的试运行机组单机容量已达5兆瓦。美国已研制出7兆瓦的风机，英国正在研制10兆瓦的风机。现在，不仅把风电场建在内陆、岛屿和海岸，英国、荷兰等一些欧洲国家经验表明，将风电场建在海上，经济效益、环境效益和社会效益更加明显。

截至2008年12月底，全球的总装机容量已经超过了1.2亿千瓦。2008年，全球风电增长速度达到28.8%，新增装机容量达到2700万千瓦，同比增长36%。2008年，欧洲、北美和亚洲仍然是世界风电发展的三大主要市场，三大区域新增装机分别是：887.7万千瓦、888.1万千瓦和858.9万千瓦，占世界风电装机总容量的90%以上。从国别来看，美国超过德国，跃居全球风电装机首位，同时也成为第二个风电装机容量超过2000万千瓦的风电大国。

中国风电发展势头强劲，2008年是连续第四年年度新增装机翻番，实现风电装机容量1221万千瓦，超过印度，成为亚洲第一、世界第四的风电大国，同时跻身世界风电装机容量超千万千瓦的风电大国行列。

世界风电快速发展的主要推动力是能源安全与气候变化。在欧洲和美国，风电成为新增容量最快和容量最大的发电电源之一，其中，美国风电装机占其新增发电装机容量的40%以上，欧盟27国风电装机占其新增发电装机容量的35%以上，成为重要的替代能源，为能源供应安全和能源来源多样化提供了技术保障。同时，风电也是成本最低的温室气体减排技术之一。2008年底全球的总装机容量突破1.2亿千瓦，相当于每年产生发电量约2600亿千瓦·时，减排1.58亿吨二氧化碳。

中国成为世界风电第一大国

我国政府将风力发电作为改善能源结构、应对气候变化和能源安全问题的主要替代能源技术之一。

2007年制订了《可再生能源中长期发展规划》，并确定了2010年和2020年风电装机容量分别达到1000万千瓦和3000万千瓦的目标，制定了风电设备国产化相关政策。

2008年，中国除台湾地区外累计风电机组11600台，装机容量约1215.2万千瓦（已超过了《可再生能源中长期发展规划》1000万千瓦的发展目标），分布在24个省（市、区），比前一年增加了重庆、江西和云南等3个省市，装机超过100万千瓦的有内蒙古、辽宁、河北和吉林等4个省区。与2007年累计装机590.6万千瓦相比，2008年累计装机增长率为106%。2008年风电上网电量约120亿千瓦·时，新建机组以1500～2000千瓦机组为主。

为了应对金融危机，中国政府把发展风电作为改善能源结构的重要手段和新的经济增长点。在2008年召开的全国能源工作会议上，国家能源局明确提出，我国风能资源丰富，具有良好的开发利用前景。要促进我国风电产业健康发展，加强风电建设管理，不断完善政策，坚持以风电特许权方式建设大型风电场，推动风电设备国产化，逐步建立我国的风电产业体系。按照"融入大电网，建设大基地"的要求，从2009年起，国家将力争用10多年时间在甘肃、内蒙古、河北、江苏等地形成几个上千万千瓦级的风电基地。

到2008年底，中国累计风电装机容量在过去10年中的年平均增长速度达到46%。中国在风电装机容量的世界排名中，2004年居第十位，2008年跃居第四位，而按照中国资源综合利用协会可再生能源专业委员会的统计，2010年，中国风电超过美国，成为世界风电第一大国，总装机容量达到4470万千瓦，提前10年达到政府确定的风电2020年发展目标。据估计，我国在2020年有望实现1亿千瓦或1.2亿千瓦的风电装机容量。

风电在节约能源、缓解中国电力供应紧张的形势、降低长期发电成本、减少能源利用造成的大气污染和温室气体减排等方面做出了应有的贡献，开始大有作为。同时，利用"资源无尽、成本低廉"的风能，对于改变我国能源短缺现状具有重要的战略意义——我国风能资源丰富，如果能开发出其中的2/3，将能提供15亿千瓦的电力，再加上约5亿千瓦的水电，就能大幅度补充2020年后所需电力的份额。

中国风能开发之路

2008年8月，甘肃酒泉千万千瓦级风电基地建设全面启动，这标志着我国正式步入了打造"风电三峡"工程（国家重点建设甘肃河西走廊，苏北沿海和内蒙古3个千万千瓦级的大风场，将使中国成为世界上最大的风力发电国家）阶段。这是国家继西气东输、西油东输、西电东送和青藏铁路之后，西部大开发的又一标志性工程。

风力资源极为丰富

风的能量是由太阳辐射能转化来的。太阳每小时辐射地球的能量是174423000000 兆瓦，换句话说，地球每小时接受了174423000000 兆瓦的能量。太阳的辐射造成地球表面受热不均，从而引起大气层中压力分布不均，空气沿水平方向运动形成风。风能大约占太阳提供总能量的百分之一或百分之二。

人们提出疑问，多大的风力才可以发电呢？一般说来，3级风就有利用的价值。但从经济合理的角度出发，风速大于4米/秒才适宜于发电。据测定，1台55千瓦的风力发电机组，当风速为9.5米/秒时，机组的输出功率为55千瓦；当风速为8米/秒时，功率为38千瓦；风速为6米/秒时，只有16千瓦；而风速为5米/秒时，仅为9.5千瓦。可见风力愈大，经济效益也愈大。

我国的风力资源极为丰富，10米高度层的风能资源总储量为32.26亿千瓦，其中实际可开发利用的风能资源储量为2.53亿千瓦。青海、甘肃、新疆和内蒙古可开发的风能储量分别为1143万千瓦、2421万千瓦、3433万千瓦和6178万千瓦，是中国大陆风能储备最丰富的地区。

我国绝大多数地区的平均风速都在3米/秒以上，特别是东北、西北、西南高原和沿海岛屿，平均风速更大；有的地方一年1/3以上的时间都是大风天。在这些地区，可开发利用的风能储量约10亿千瓦。其中，陆地10米以内风力资源为2.53亿千瓦，陆上杆塔高度100米内可利用风能则高达7亿千瓦。根据7亿千瓦的风力资源，在陆地建3亿~4亿千瓦的风电是完全有资源保障的。

在陆地上大规模建设风电，不仅可以帮助我国减少二氧化碳排放，而且可以起到减缓西北风力的作用。特别是在西北地区的大风口大规模建设风电，既可以大量增加电力，又可以缓解北方地区冬春季节的扬沙和浮尘天气。

酒泉千万千瓦级风力电站规划

冬日的酒泉瓜州县，一排排银白色的风力发电机在碧蓝色天空的映衬下，显得蔚为壮观，分外醒目。位于甘肃省河西走廊西端的酒泉市是中国风能资源丰富的地区之一，境内的瓜州县被称为"世界风库"，玉门市被称为"风口"。

据气象部门风能评估结果，酒泉风能资源总储量为1.5亿千瓦，可开发量4000万千瓦以上，可利用面积近1万平方千米。10米高度风功率密度均在每平方米250～310瓦以上，年平均风速在每秒5.7米以上，年有效风速达6300小时以上，年满负荷发电小时数达2300小时，无破坏性风速，对风能利用极为有利，适宜建设大型并网型风力发电场。为此，国家在2008年批准了酒泉千万千瓦级风电基地规划。

风力发电是可再生能源领域最为成熟、最具大规模开发和商业开发条件的发电方式之一。酒泉风电基地远景风电总装机容量为3565万千瓦，先期计划建设装机容量1065万千瓦。国家发展和改革委员会主管能源的负责人认为，酒泉千万千瓦级风电基地建设在世界上尚属首例。建设酒泉千万千瓦级风电基地，工程投资额为1100亿元至1200亿元，资金全部由商业投入。目前酒泉风能资源已吸引了国内20多家大型企业前来投资和考察。

目前，酒泉正分步实施风电基地建设目标，酒泉风电项目此前第一期380万千瓦风电设备招标工作完成。依据项目建设计划，到2010年酒泉风电基地装机容量达到500万千瓦（此目标已经实现），到2015年风电装机达到1200万千瓦，到2020年将建成1360万千瓦的装机容量。

750千伏"电力高速公路"

任何一个发电站都不是孤立的，它必须通过输电线路，与电网或用户联系起来。说到输电线路，就不得不提输电电压。输电电压一般分高压、超高压和特高压。国际上，高压（HV）通常指35～220千伏的电压；超高压（EHV）通常指330～1000千伏的电压；特高压（UHV）指1000千伏及以上的电压。

2008年，酒泉计划开工建设750千伏为主网架的酒泉、瓜州变电站，被业内人士称为"电力高速公路"，相当于全国普遍采用的500千伏线路的1.5倍。这就让人好奇了：为什么要不断提高电压呢？

原因是，在输电效率一定的情况下，输电功率越大，损耗就越大，所以在输送相同功率的情况下，为了减小损耗，提高输电效率的方法之一就是提高输电线路上的电压，这就是说，输送同样的功率，电压越高，损耗越小。按自然传输功率计算，1条特高压线路的传输功率相当于4~5条500千伏超高压线路的传输功率，因而，电压的升高相当于节约了宝贵的输电走廊（架空输电线路的路径所占用的土地面积和空间区域）和大大提升了电力工业可持续发展的能力。

甘肃建设的双回750千伏线路，正是为了满足酒泉地区风电大功率、远距离向外传送的要求。加快750千伏电网建设，不仅节约占地面积，而且降低了输电价格容量比，加强了与河西走廊的联系。

中国风电场的造价比欧洲高

风力发电场（简称风电场），是将多台大型并网式的风力发电机安装在风能资源好的场地，按照地形和主风向排成阵列，组成机群向电网供电。风力发电机就像种庄稼一样排列在地面上，故形象地称为"风力田"。风力发电场于20世纪80年代初在美国的加利福尼亚州兴起，现在被全世界大力发展风电的各个国家广泛采用。

风电场的风力发电机相互之间需要有足够的距离，以免造成过强的湍流相互影响，或由于"尾流效应"而严重减低后排风电机的功率输出。为了配合运送大型设备（特别是叶片）到安装现场，须要建设道路。另外亦须要建设输电线，把风电场的输出连接到电网接入点。

从风电场的造价方面看，由于生产风电机组的厂家主要在欧洲，而且目前钢材价格上涨，造成风电场的成本急剧增加，所以中国风电场的造价比欧洲高，基本上是欧洲5年前的水平，平均造价为8500元/千瓦左右，建设一座装机10万千瓦的风电场，成本大约在8亿到10亿元之间，而同样规模的火电厂成本约为5亿元左右，水电站为7亿元左右。

造价偏高当然成为限制风电发展的一个因素，但是从可持续发展的角度来看，即便目前成本偏高，风能的大规模使用终将成为世界发展的大趋势，到那时，风能价格的降低也指日可待。

解构风力发电机机组

　　随着科技的飞速发展和人类生活水平的日益提高，能源消耗与日俱增，致使传统能源日渐枯竭，而且环境污染也相当严重。风能是一种无污染的可再生能源，它取之不尽、用之不竭，随着生态环境的要求和能源的需要，风能作为清洁的新能源得到人们的重视。怎么利用风力来发电呢？我们把风的动能转变成机械能，再把机械能转化为电能，这就是风力发电。

机械能转变为电能

　　风力发电所需要的装置，称作风力发电机组。其工作过程是：风—风轮—发电机—充电器—蓄电池—逆变电源—电网。它充分利用自然能，既节能又环保。

　　风力发电机组，大体上可分风轮（包括尾舵）、发电机和铁塔3部分。风轮是把风的动能转变为机械能的重要部件，它由两只或更多只螺旋桨形的叶轮组成。当风吹向桨叶时，桨叶上产生气动力驱动风轮转动。桨叶对材料要求强度高、质量小，目前多用玻璃钢或其他复合材料如碳纤维来制造。由于风轮的转速比较低，而且风力的大小和方向经常变化着，这又使转速不稳定，在带动发电机之前，还必须附和一个把转速提高到发电机额定转速的齿轮变速箱，再加一个调速机构使转速保持稳定，然后再连接到发电机上。为保持风轮始终对准风向以获得最大的功率，还需在风轮的后面装一个类似风向标的尾舵。

　　铁塔是支撑风轮、尾舵和发电机的构架。它一般修建得比较高，为的是获得较大的和较均匀的风力，又要有足够的强度。铁塔高度视地面障碍物对风速影响的情况以及风轮的直径大小而定，一般在6～20米范围内。发电机的作用是把由风轮得到的恒定转速，通过升速传递给发电机均匀运转，因而把机械能转变为电能。

　　然而，风力发电机因风速不稳定，故其输出的电压变化很大，须经充电器整流稳压后，再对蓄电瓶充电，使风力发电机产生的电能变成化学能。

然后通过有保护电路的逆变电源，把电瓶里的化学能转变成交流220伏市电（中国），才能保证正常使用。

垂直轴风力发电机是未来风电的发展方向

降低成本、提高发电效率、增加寿命一直是风电技术所追求的目标。为此，合理的选择机型至关重要。根据机型，风力发电机可分为两类：水平轴风力发电机和垂直轴风力发电机。

水平轴式风机，此型转动轴与风向平行。若依轮叶受力可分成升力或阻力型；若依叶数则分单叶、双叶、三叶或多叶型；若依风向，则有逆风和顺风型，逆风型转子即叶片正对着风向。大部分水平轴式风机轮叶会随风向变化而调整位置。

垂直轴式风机，此型转轴与风向成垂直。此型的优点为设计较简单，因为其不必随风向改变而转动调整方向。但此系统无法抽取大量风能，而且需要大量材料是其缺点。此型有桶形转子和打蛋形转子等。桶形转子是采用S型轮叶，且大多为阻力型。轮叶的旋转是依赖作用于顺风和逆风叶片部分的阻力差。

目前，在我国得到广泛使用的风机主要是水平轴式风机，水平轴式风机是目前技术最成熟、生产量最多的。然而，大型水平轴风力发电机存在很多不足。为了更好地利用风能，合理地选择机型至关重要。现就水平轴风机和垂直轴风机优劣做一下比较：

一、结构分析

1.水平轴风机受制于风向变化，因此发出的电时有时无，电压和频率不稳定，没有实际应用价值。风小时，不发电；狂风吹来，风轮又越转越快，系统会被吹垮。为了解决这些问题，水平轴风机增加了齿轮箱、偏航系统、液压系统、刹车系统和控制系统等装置。

（1）齿轮箱可以将很低的风轮转速（大型的风机通常为27转/分）变为很高的发电机转速（通常为1500转/分）。同时也使得发电机易于控制，实现稳定的频率和电压输出。

（2）偏航系统可以使风轮扫掠面积总是垂直于主风向，风轮沿水平轴旋转，以便产生动力。为此，机舱要在水平面360度旋转，随时跟风，达到"迎风"目的。要知道，大型的风机机舱总重几十吨，使这样一个系统随时对准主风向也有相当的技术难度。这个调节系统包含有风向检测、角位移发送、角位移跟踪闭环电力拖动系统。

（3）液压系统是为运行桨距调节系统和刹车系统服务的。当风速变化时，为了调节转速，水平轴风机要有桨距调节系统，使风轮的叶片始终围绕根部的中心轴旋转，适应不同的风况。刹车系统可以使叶片尖部甩出，在风载荷下转动桨叶一个角度，形成阻尼（是指任何振动系统在振动中，由于外界作用或系统本身固有的原因引起的振动幅度逐渐下降的特性），从而达到叶片转动降速的目的。无论是调节桨距还是转动桨叶的角度，都是非常困难的事情，只有用液压系统才能办得到。而液压系统由于精度高，在冬季还要有液体防冻措施，所以价格贵、维护难。

（4）控制系统是风力发电机的神经中枢。就大型风机而言，一般在4米/秒左右的风速自动启动，在14米/秒左右发出额定功率。然后，随着风速的增加，一直控制在额定功率附近发电，直到风速达到25米/秒时自动停机。风机的控制系统，要在这样恶劣的条件下，根据风速、风向对系统加以控制，在稳定的电压和频率下运行，自动地并网和脱网，并监视齿轮箱、发电机的运行温度，液压系统的油压，对出现的任何异常进行报警，必要时自动停机。

2.垂直轴风机无需对风，不要迎风调节系统，可以接受360度方位中任何方向来风，主轴永远向设计方向转动，不存在偏航功率损失；叶片设计简单，完全可以自主设计；机舱和齿轮箱可置于风轮下或地面，维修费用更低；垂直轴风机的噪音比水平轴的更小，噪声污染降低；此外，试验室研究表明其风能利用系数不低于水平轴。

二、力学角度分析

叶片是风机的"心脏"，叶片的性能直接关系到风机的性能。

1.水平轴风机：现有水平轴风机叶片是参照直升机的螺旋桨设计的，属于高风速叶片。这种叶片结构相似悬臂梁，叶片上受到正面风载荷力和离心力，会使根部产生很大弯矩的应力，大量事故都是叶片根部折断。为此，这种叶片强刚性能要求很高，造价高昂。兆瓦级风机叶片非常巨大，在高风速状态产生强风载,风载的强度很惊人,造成的后果就是大幅提高塔架和机组的强度和成本,造成风机的强烈振动,造成机械的疲劳损坏,还容易形成冲击电流,影响并网的稳定性。

2.垂直轴风机,叶片两头与轴固定,它的形状不是由叶片的刚度来保证的。叶片是柔性的,转轴旋转后无弯矩应力。叶片只受拉应力,用料少、寿命长,不易折断。

可见,叶片性能是造成风机高昂成本的主要因素,也是造成故障和高额维护费的主要因素。我们要降低风机成本、提高发电效率,就必须改善叶片性能。

三、系统稳定性分析

1.水平轴风机的机舱放置在高高的塔顶,而且是一个可旋转360度的活动连接机构,自身重达十几吨至几十吨,叶片上随机风载荷达几十吨,重心高、不稳定、易翻倒。由于高位放置安装,维护不便。

2.垂直轴风机的发电机、齿轮箱放在底部,重心低、稳定、维护方便。由于塔架低矮,降低了成本。

综上,水平轴风机设计技术复杂、功率损失大、成本高、维护困难,而垂直轴风机性能好、结构简单、成本低,具有竞争优势。所以垂直轴风力发电机才是未来风电的发展方向。

世界最大单口径望远镜
——500米口径球面射电望远镜

从射电天文学到射电望远镜

19世纪以前，人们一直认为，从天上来到人间的唯一信息是天体发出的可见光，从来没有人想过，天体还会送来眼睛看不见的"光"。1800年，英国天文学家赫歇耳在测量太阳光谱不同区域的温度时，发现光谱红端之外没有阳光的地方，温度竟然比可见光之处的温度还高，他把这种热线称为"看不见的光线"，也就是我们现在所说的"红外线"。1801年，德国物理学家约翰·里特尔又发现了"紫外光"。这样，在19世纪初，人们开始认识到在可见光之外还存在着人眼看不见的辐射。为了观测这人眼看不见的辐射，人们发明了射电望远镜。

射电天文学的诞生

1870年，苏格兰物理学家麦克斯韦建立了一套完整的电磁学理论。根据他的理论，电磁场周期性的变化会产生"电磁辐射"——电磁波。电磁波具有比已经观测到的紫外线更短、比红外线更长的任意波长。可见光是一种电磁波，它只占电磁波谱的很小一部分。至20世纪初，人们已经在地面实验室中发现了从波长短于0.01纳米的 γ 射线到波长大于500毫米的无线电波整个电磁辐射的跨度：它从短波端的 γ 射线开始，经过X射线、紫外线、可见光、红外线，直到越来越长的无线电波。

1924年，人们在测量地球电离层的高度时，发现波长短于60米的无线电波穿过电离层飞向太空，一去不复返。这启发人们，天体发出的短于60米的无线电波，也将穿过电离层射到地球表面。也就是说，地球大气向人们敞开着一扇"无线电窗口"，这些无线电波的波长范围从0.1厘米一直延伸到60米左右。

无线电波段观测与研究天体和其他宇宙物质的天文学分支，称为射电天文学。射电天文学的开创者卡尔·扬斯基，并不是天文学家，而是一位从事无线电工作的美国工程师。扬斯基生活的时代，正是无线电工程学迅猛发展的时代。1931年，他在美国新泽西州贝尔电话实验室研究和寻找干扰无线电波通讯的噪声源时，发现除去两种雷电造成的噪声外，还存在着第三种噪声，那是一种很低又很稳定的"哨声"，每隔23小时56分04秒出现最大值。扬斯基对这一噪声进行了1年多的精确测量和周密分析，终于确认这种"哨声"来自地球大气之外，是银河系中心人马座方向发射的一种无线电波辐射（也称为射电波）。

这个意外的发现，引起了天文学界的震动，同时令当时的人们感到迷惑，谁也不认为一颗恒星或一种星际物质会发出如此强烈的无线电波。但是，另一位美国无线电工程师G·雷伯，却坚信扬斯基的发现是真实的。他研制了一架直径为9.6米的金属抛物面天线，并把它对准了扬斯基曾经收到宇宙射电波的天空。这是一架在第二次世界大战以前全世界独一无二的抛物面型射电望远镜（射电望远镜是指观测和研究来自天体的射电波的基本设备）。1939年4月，他再次发现了来自银河系中心人马座方向的射电波，所不同的是，扬斯基接收的是波长为14.6米的射电波，而他接收到的是1.9米的射电波。这样，雷伯不仅证实了扬斯基的发现，同时还进一步发现了人马座射电源发射出许多不同波长的射电波。以后，他又发现了其他新的射电源，并在1.9米的波长处做出了第一幅"射电天图"。1940年，雷伯发表了他的研究成果，这些成果受到了人们的重视，但是由于第二次世界大战爆发，射电天文学的研究刚刚起步，就被迫中断了。

第二次世界大战期间，英国人首先发明了雷达，并用它来预警德国飞机的入侵。1942年2月，在英国部队许多雷达站里，同时发现了突然的干扰，英国政府很紧张，以为是德国使用了反雷达的新式武器，于是马上成立技术小组进行调查，后来发现，竟是来自太阳的天然干扰。虽然虚惊一场，但是却第一次探测到来自太空的一个具体的可见天体发出的无线电波，从而太阳成了首先确定的射电源。这又一次的重要发现，终于使天文学家认识到，宇宙天体就像发射可见光波一样发射无线电波。从此，人们获得了通过无线电波探索宇宙奥秘的新途径，射电天文学逐步发展起来。

今天的天文学家拥有多种类型的天文望远镜，可以探测到天体在各个波段的电磁辐射信号，能更全面地认识和研究天体的性质，今天的天文学被称为全波段天文学。

世界主要射电望远镜

射电望远镜的极限分辨率取决于望远镜的口径和观测所用的波长：口径越大，波长越短，分辨率越高。由于无线电波的波长要远远大于可见光的波长，因此射电望远镜的分辨本领远远低于相同口径的光学望远镜，而射电望远镜的天线又不能无限长。这在射电天文学诞生的初期严重阻碍了射电望远镜的发展。

射电天文学中按电磁波波段区分，毫米波段（波长1～10毫米，频率为30～300千兆赫兹）和亚毫米波段（波长约为0.35～1毫米，频率为300～1100千兆赫兹）是进行天文观测研究的一个分支。20世纪50年代研制出一系列小型毫米波射电望远镜，主要用于测量大气对毫米波传播的效应和观测太阳、月球和行星的准热辐射。到60年代后期，从毫米波向短波方向和从红外波段向长波方向的技术发展使天文观测进入了亚毫米波段。亚毫米波与较低频段的微波相比，其特点是：①可利用的频谱范围宽，信息容量大；②天线易实现窄波束和高增益，因而分辨率高，抗干扰性好，受自然光和热辐射源的影响小；③穿透等离子体的能力强；④多普勒频移（物体辐射的波长因为光源和观测者的相对运动而产生变化）大，测速灵敏度高。其缺点是在大气中的传播衰减严重和器件加工的精度要求高。

1946年，英国曼彻斯特大学开始建造直径66.5米的固定抛物面射电望远镜。1955年，英国在曼彻斯特的焦德雷尔班克观测站建成直径76米的Lovell全可动抛物面射电望远镜。该望远镜以英国射电天文学的奠基人，曼彻斯特大学教授洛维尔（Lovell）爵士的名字命名，是世界第一台巨型全可动射电望远镜，并在1957年跟踪苏联发射的第一颗人造地球卫星时发挥重要作用，从此闻名于世。1959年，Lovell射电望远镜最先接收到一架俄罗斯月球探测器发回来的图片。

1962年，英国剑桥大学卡文迪许实验室的赖尔利用干涉的原理，发明了综合孔径射电望远镜，大大提高了射电望远镜的分辨率。其基本原理是：用相隔两地的两架射电望远镜接收同一天体的无线电波，两束波进行干涉，其等效分辨率最高可以等同于一架口径相当于两地之间距离的单口径射电望远镜。赖尔因为此项发明获得1974年诺贝尔物理学奖。

1963年，美国在位于中美洲波多黎各岛上的阿雷西博天文台（Arecibo Observatory）的阿雷西博射电望远镜建成，阿雷西博射电望远镜使用固定在山谷当中的单口径球面天线，口径305米，这在当时是世界上最大的单面口径射电望远镜，由美国国防部投资建设，由康奈尔大学管理，后扩建为350米。阿雷西博望远镜是固定望远镜，不能转动，只能通过改变天线馈源（馈源可理解为抛物面天线的焦点处设置的一个收集卫星信号的喇叭式装置）的位置扫描天空中的一个带状区域。1974年，为庆祝改造完成，阿雷西博望远镜向距离地球25000光年的球状星团M13发送了一串由1679个二进制数字组成的信号，称为阿雷西博信息。

阿雷西博射电望远镜曾是全球最大的射电望远镜，天顶扫描角20度。作为世界上灵敏度最高的宇宙监听系统，它能够接受和分辨出来自数百万光年以外的宇宙电磁信息。阿雷西博射电望远镜自建成以来可谓出尽风头，1974年该望远镜在宇宙深处发现了一个双生中子星系统，两名科学家利用这一发现成功验证了爱因斯坦著名的重力波理论，并借此研究成果获得了1993年的诺贝尔奖。不过，阿雷西博射电望远镜真正用于外星生命研究项目所占用的探测时间其实还不到整个系统工作时间的1%。

1972年8月1日，联邦德国在波恩市西南大约40千米的埃费尔斯贝格的一个山谷中，建成了当时世界最大的全向转动抛物面射电望远镜——埃费尔斯贝格射电望远镜。该望远镜于1968年开始建造，其抛物面天线直径达100米，属麦克斯威尔·普朗克射电天文研究所，是当时口径最大的可跟踪射电望远镜。经过技术改造，现能观测90厘米至3.5毫米的射电辐射。

1981年，美国国家射电天文台（NRAO），耗资7800万美元，在新墨西哥州海拔2124米的圣阿古斯丁平原上，建起了世界最大的综合孔径射电望远镜——甚大阵射电望远镜（Very Large Array，缩写为VLA）。这是由27台25米口径的天线组成的射电望远镜阵列，每个天线重230吨，架设在铁轨上，可以移动。27个庞然大物排成一个"Y"形，三条铁轨铺成的基线互成120度交角，分别长21、21、19千米。每座天线均可以抵御时速100千米的飓风和冰冻低温环境。为了降低仪器中的噪声，其电子系统一直处于零下257摄氏度的超低温状态。VLA工作于6个波段，最高分辨率可以达到0.05角秒（角度的测量单位，1度=3600角秒），与地面大型光学望远镜的分辨率相当。

天文学家已经使用该望远镜获得了不少重要发现，比如水星上的水、银河系内的微类星体、遥远星系周围的爱因斯坦环（恒星发出的光线可以绕过途经的大质量天体而重新汇聚，也就是说，天文学家可以观测到被天体遮挡的恒星，观测的结果是个环，这被称为"爱因斯坦环"）、发出伽马射线暴的星系等等。

2000年8月22日，美国国家射电天文台在西弗吉尼亚州坡卡洪塔县的绿岸（Green Bank），建成了世界最大的全天可动的单天线射电望远镜——绿岸望远镜（Green Bank Telescope，缩写GBT）。这台望远镜高146米，重7700吨，耗资7900万美元，其碟形天线尺寸为100米×110米，接收面积7854平方米，焦距60米。通过直径64米的圆形水平轮轨，人们可以调节碟形天线朝向，并能调整每一块铝制面板的位置，纠正镜面的形状，从而获得5度多的仰角天空全视图。

绿岸望远镜的设计是非同寻常型的。通常射电望远镜的天线都有若干支架以支持次级反射面，这种支架会阻碍电磁波从而影响天线的精确指向。绿岸望远镜采取的是不遮挡设计，这种不遮挡设计虽然使造价昂贵但却具有无与伦比的科学先进性。为了实现这种不遮挡设计，科学家在望远镜的主轴外设计了一巨大的馈源臂。

2002年10月，中国电子科技集团公司第五十四研究所（简称五十四所），在北京密云天文台启动50米射电望远镜工程。该镜天线高56米，总重680吨，由结构、馈源和伺服控制三部分组成，历时4年建成。2006年10月通过验收评审，该镜已成为我国深空探测和射电天文的重要设备。在嫦娥工程中，该镜承担了科学数据接收和VLBI（甚长基线干涉测量）精密测轨两项重要任务，成功地接收到第一张月球照片，标志着嫦娥工程的圆满成功。

2009年12月29日，上海天文台在松江佘山举行65米射电望远镜奠基仪式。该镜也是由五十四所承建，天线口径65米，高度70米，总重约2700吨。天线抛物面共14环，由1008块面板铺成；底部为直径42米的环形轨道，用于镜身调向。该台望远镜可用于我国探月二、三期工程，火星探测及其他深空探测工程，成为亚洲VLBI的组成部分。

2010年12月初，中国国家天文台召开了"中国射电望远镜阵"（China-ART）科学与技术目标咨询会，这是面向国家"第十三个五年计划"提出的天文项目。China-ART初步规划由12台80米射电望远镜组成，其中10台望远镜组成致密中心阵，建于无线电干扰极小的青藏高原或川西地区，其余2台望远镜建在东北和西南，与上海65米射电望远镜和即将建设的乌鲁木齐80米射电望远镜一起，分布在中国各地。China-ART具有极高的灵敏度和角分辨率，它们联合观测时相当于304米有效口径。

喀斯特洼地建世界最大"天眼"

我国建造的500米口径球面射电望远镜（Five hundred meters Aperture Spherical Telescope，简称FAST）将拥有约30个足球场大的接收面积，建成后将成为世界上最大的单口径射电天文望远镜。与其他望远镜不同，它既不是架在山顶，也不遨游太空，而是在贵州一片喀斯特洼地中立足，犹如一只巨大的"天眼"，探测遥远、神秘的"天外之谜"。

FAST项目启动

1994年，我国天文学家提出在贵州喀斯特洼地中建造大口径球面射电望远镜的建议和工程方案，它是我国射电天文学家根据国际大环境、我国特有的地理条件、国内外合作和工程团队不断探索，逐步研究和提出来的。这一研究工作得到了国际天文学界的广泛支持，目前我国经济实力、制造能力、天文学发展、方案设计、地质条件等许多方面都达到了可以建造这样一个大射电望远镜的条件和能力。

建造如此巨大的射电望远镜，国际上没有先例，很多技术更是要靠我们自己钻研和解决，特别是在选址、主动反射面设计、馈源支撑系统优化、馈源与接收机及关于测量与控制技术等方面，面临巨大挑战，只有这些问题解决了，才能动手建造。自1994年起，中国科学院国家天文台等20多所科研院所和知名高校，开展了对FAST的长期合作研究，同时FAST被列入首批国家知识创新工程重大项目。通过10多年的探索，完成了预研究和优化研究两个环节，我国具备了建造世界上最大的射电望远镜的科技实力。

2007年7月10日，国家发展和改革委员会原则同意将FAST项目列入国家高技术产业发展项目计划，要求抓紧开展可行性研究工作，在条件具备后上报可行性报告。同年，这一重大科学工程获国家立项批准，意味着FAST正式转入设计和建造阶段。

性能比目前世界最大射电望远镜提高约10倍

建造FAST，台址的选定十分关键，要考察的因素很多，如气候、气象、土地利用、无线电环境、地质、人口、经济、劳动力、电力、交通、通信、网络等，因为其中任何一项对今后的运行都会产生影响。贵州省平塘县克度镇一片名叫大窝凼的喀斯特洼地，就像一个天然的巨碗，刚好盛起望远镜约20万平方米的巨型反射面，建成后的望远镜将会填满整个山谷。大窝凼不仅具有一个天然的洼地可以架设望远镜，而且喀斯特地质条件可以保障雨水向地下渗透，而不在表面淤积，因而不会腐蚀和损坏望远镜。此外，还有极端宁静的自然环境。由于无线电环境对射电望远镜影响极为重要，项目地址半径5千米之内必须保持宁静和电磁环境不受干扰。大窝凼附近没有集镇和工厂，在5千米半径之内没有一个乡镇，25千米半径之内只有一个县城，是最为理想的选择。

项目建成后，这里将架起能够探寻和接受可能存在"地外文明"信息的世界上最大单口径射电天文望远镜——500米口径球面射电望远镜。FAST与号称"地面最大的机器"的德国波恩100米望远镜相比，灵敏度提高约10倍；与被评为人类20世纪十大工程之首的美国阿雷西博305米望远镜相比，其综合性能提高约10倍。作为世界最大的单口径望远镜，FAST将在未来20～30年保持世界一流设备的地位。

FAST是国家科教领导小组审议确定的国家九大科技基础设施之一，此项目将采用中国科学家独创设计，利用贵州独特喀斯特地形条件和极端安静的电波环境，建造一个500米口径球面射电天文望远镜。500米口径的反射面由约1800个15米的六边形球面单元拼合而成。此方案改正了球差，简化了馈源，克服了球反射面线焦造成的窄带效应。利用贵州南部独特的天然喀斯特洼坑可大大降低望远镜工程造价。

FAST项目具有3项自主创新：利用贵州天然的喀斯特洼坑作为台址；洼坑内铺设数千块单元组成500米球冠状主动反射面；采用轻型索拖动机构和并联机器人，实现望远镜接收机的高精度定位。全新的设计思路，加之得天独厚的台址优势，FAST突破了望远镜的百米工程极限，开创了建造巨型射电望远镜的新模式。

此项目总投资6.27亿元，建设期为5年，2008年12月26日在贵州平塘正式开工。项目法人为中国科学院国家天文台。它的建设将形成具有国际先进水平的天文观测与研究平台，探寻被称为21世纪物理学最大之谜的"暗物质（在宇宙学中，暗物质是指无法通过电磁波的观测进行研究，也就是不与电磁力产生作用的物质）"和"暗能量（在物理宇宙学中，暗能量是一种充溢空间的、增加宇宙膨胀速度的难以察觉的能量形式。在宇宙标准模型中，暗能量占据宇宙73%的质能）"的本质，将为中国开展宇宙起源和演化、太空生命起源和寻找地外文明等研究活动提供重要支持。

FAST在基础研究领域和国家重大需求方面的意义

FAST的建造意义在于，作为一个多学科基础研究平台，它有能力将中性氢观测延伸至宇宙边缘，观测暗物质和暗能量，寻找第一代天体；能用1年时间发现约7000颗脉冲星，研究极端状态下的物质结构与物理规律；有希望发现奇异星和夸克星物质；发现中子星——黑洞双星，无须依赖模型精确测定黑洞质量；通过精确测定脉冲星到达时间来检测引力波；作为最大的台站加入国际甚长基线网，为天体超精细结构成像；还可能发现高红移的巨脉泽星系，实现观测新突破；用于搜寻识别可能的星际通信讯号，寻找地外文明等等。

FAST在国家重大需求方面也有重要应用价值。它把我国空间测控能力由地球同步轨道延伸至太阳系外缘，将深空通讯数据下行速率提高100倍。脉冲星到达时间测量精度由目前的120纳秒提高至30纳秒，成为国际上最精确的脉冲星计时阵，为自主导航这一前瞻性研究制作脉冲星钟，进行高分辨率微波巡视，以1赫兹的分辨率诊断识别微弱的空间讯号，作为被动战略雷达为国家安全服务。作为"子午工程"的非相干散射雷达接收系统，将提供高分辨率和高效率的地面观测，跟踪探测日冕物质抛射事件，服务于太空天气预报。

FAST研究涉及了众多高科技领域，如天线制造、高精度定位与测量、高品质无线电接收机、传感器网络及智能信息处理、超宽带信息传输、海量数据存储与处理等。FAST关键技术成果可应用于诸多相关领域，如大尺度结构工程、千米范围高精度动态测量、大型工业机器人研制以及多波束雷达装置等。FAST的建设经验将对我国制造技术向信息化、极限化和绿色化的方向发展产生影响。

射电望远镜如何"看"到更远

虽然射电望远镜能"看到"光学望远镜（使用在可见光区并包括近紫外和近红外波段的望远镜）无法看到的电磁辐射，从而进行远距离和异常天体的观测，但如果要达到足够清晰的分辨率，就得把望远镜的天线做成几百千米，甚至地球那么大。这听起来似乎并不可能，但是，诺贝尔得主赖尔将其实现了。那么，是如何做到的呢？

射电望远镜的优势

射电望远镜主要是接收天体射电波段辐射的望远镜。不同的射电望远镜的外形差别很大，有固定在地面的单一口径的球面射电望远镜，有能够全方位转动的类似卫星接收天线的射电望远镜，有射电望远镜阵列，还有金属杆制成的射电望远镜。

射电望远镜与光学望远镜的"外表"差异很大，它既没有高高竖起的望远镜镜筒，也没有物镜、目镜，它是由天线和接收系统两大部分组成。巨大的天线是射电望远镜最显著的标志，它的种类很多，有抛物面天线、球面天线、半波偶极子天线、螺旋天线等。最常用的是抛物面天线。天线对射电望远镜来说，就好比是它的"眼睛"，其作用相当于光学望远镜中的物镜，它要把微弱的宇宙无线电信号收集起来，射频信号功率首先在焦点处放大10～1000倍，并变换成较低频率（中频），然后通过一根特制的管子（波导）把收集到的信号传送到接收机中去放大。接收系统的工作原理和普通收音机差不多，但它具有极高的灵敏度和稳定性。接收系统将信号放大，从噪音中分离出有用的信号，并传给后端的计算机记录下来。

不过，射电望远镜的基本原理和光学反射望远镜相似，投射来的电磁波被一精确镜面反射后，同时到达公共焦点。用旋转抛物面作镜面易于实现同相聚焦，这就是射电望远镜天线大多是抛物面的原因。射电望远镜表面和一理想抛物面的均方误差如不大于 $\lambda/16 \sim \lambda/10$，该望远镜一般就能在波长大于 λ 的射电波段上有效地工作。从天体投射来并汇集到望远镜焦点的射电波，必须达到一定的功率电平（功率在特定的时间间隔内以特定方式计算的均值或加权值），才能为接收机所检测。目前的检测技术水平要求最弱的电平一般应达10～20瓦。

灵敏度和分辨率

拥有高灵敏度、高分辨率的射电望远镜，才能让我们在射电波段"看"到更远、更清晰的宇宙天体。

灵敏度反映了望远镜探测微弱射电源的能力，即射电望远镜"最低可测"的能量值,这个值越低灵敏度越高。为提高灵敏度,常用的办法有降低接收机本身的固有噪声、增大天线接收面积、延长观测积分时间等。

分辨率指的是区分两个彼此靠近的相同点源的能力,分辨率越高就能将越近的两个射电点源分开。因为两个点源角距须大于天线方向图的半功率波束宽度时方可分辨,故宜将射电望远镜的分辨率规定为其主方向束的半功率宽。为电波的衍射所限,对简单的射电望远镜,其分辨率由天线孔径的物理尺寸和波长决定。

那么,怎样提高射电望远镜的分辨率呢?对单天线射电望远镜来说,天线的直径越大分辨率越高。但是天线的直径难于做得很大,目前单天线的最大直径不超过300米,对于波长较长的射电波段分辨率仍然很低。于是就有人提出了使用两架射电望远镜构成的射电干涉仪。对射电干涉仪来说,两个天线的最大间距越大,分辨率越高。

甚长基线干涉测量技术让天线长度不受限

甚长基线干涉测量技术(VLBI)采用原子钟控制的高稳定度的独立本振系统和磁带记录装置,由两个或两个以上的天线分别在同一时刻接收同一射电源的信号,各自记录在磁带上,然后把磁带一起送到处理机中,进行相关运算,求出观测值,也就是延迟率和卫星的角位置。这种干涉测量方法的优点是基线(天线)长度原则上不受限制,可长达几千千米,因而极大地提高了分辨率。

VLBI的工作原理是:射电源辐射出的电磁波,通过地球大气到达地面,由基线两端的天线接收。由于地球自转,电磁波的波前(波在介质中传播时,某时刻刚刚开始位移的质点构成的面)到达两个天线的几何程差(除以光速就是时间延迟差)是不断改变的。两路信号相关的结果就得到干涉条纹。天线输出的信号,进行低噪声高频放大后,经变频相继转换为中频信号和视频信号。在要求较高的工作中,使用频率稳定度达10的氢原子钟控制本振系统,并提供精密的时间信号,由处理机对两个"数据流"做相关处理,用寻找最大相关幅度的方法,求出两路信号的相对时间延迟和干涉条纹率。如果进行多源多次观测,则从求出的延迟和延迟率可得到射电源位置和基线的距离，以及根据基线的变化推算出的极移和世界时等参数。参数的精度主要取决于延迟时间的测量精度。因为，理想的干涉条纹仅与两路信号几何程差产生的延迟有关，而实际测得的延迟还包含有传播介质（大气对流层、电离层等）、接收机、处理机以及钟的同步误差产生的随机延迟，这就要作大气延迟和仪器延迟等项改正，改正的精度则关系到延迟的测量精度。目前延迟测量精度约为0.1毫微秒。

由于甚长基线干涉测量法具有很高的测量精度，所以用这种方法进行射电源的精确定位，测量数千千米范围内基线距离和方向的变化，对于建立以河外射电源为基准的惯性参考系，研究地球板块运动和地壳的形变，以及揭示极移和世界时的短周期变化规律等都具有重大意义。此外，在天体物理学方面，由于采用了独立本振和事后处理系统，基线加长不再受到限制，这就可以跨洲越洋，充分利用地球所提供的上万千米的基线距离，使干涉仪获得万分之几角秒的超高分辨率。

VLBI这种干涉测量的方法和特点，使观测的分辨率不再局限于单个望远镜的口径，而是望远镜的距离，即由基线的长度所决定的。目前，用于甚长基线干涉仪的天线，是各地原有的大、中型天线，平均口径在30米左右，使用的波长大部分在厘米波段。最长基线的长度可以跨越大洲。

世界最长跨海大桥
——港珠澳大桥

10～20年内将兴建许多巨大海洋工程

　　跨海大桥、海底隧道等现代海洋通道的出现，到现在不过150多年的历史。这在历史长河中可能只是沧海一粟，但对于跨海通道的发展来说，却是一个波澜壮阔的历程。从19世纪初拿破仑的英法海底隧道梦想，到20世纪初美国金门大桥的设计，以海底隧道和跨海大桥为代表的跨海通道，在世界各地以前所未有的速度发展。

跨海大桥的一次次飞跃

　　第二次世界大战后，随着经济和社会的高速发展，对跨海通道建设不断提出了新的更高的要求，世界跨海通道发生了一次又一次的飞跃，带给世人一次又一次的惊喜。各种各样的跨海通道，将四大洋、五大洲越来越多的地区连在了一起。世界从来没有像现在这样，让人感觉距离越来越近。今天，放眼世界主要国家，凡是有海峡的地方几乎都能看到跨海通道的杰作。特别是欧、美、日等发达国家，更是走在了前列。在新世纪里，世界经济、科技发展将达到一个前所未有的高度，而跨海通道的发展也必将进入一个全新时期。

　　随着我国经济实力的增长和海洋工程技术的进步，我国在10～20年内将在沿海地区兴建许多巨大的海洋工程，大量的海湾、江河入海口、岛屿、海峡等将被跨海大桥或海底隧道连接起来。这些都将成为我国21世纪前期海洋开发的重要标志。

我国建设跨海大桥历史并不长。动工最早的广东省南澳岛跨海大桥，始建于1994年，跨海长度8.3千米。2005年建成的上海东海大桥，跨海长度32.5千米，是我国第一座真正意义的外海跨海大桥。

2003年开工建设的杭州湾跨海大桥，总投资118亿元，大桥长36千米，由我国自行设计、管理、投资和建造，创造了多项世界和国内之最，用钢量相当于7个"鸟巢（国家体育场）"，可以抵抗12级台风。经过43个月的建设，大桥于2007年6月26日全线贯通，2008年5月1日正式通车。这是我国跨海大桥建设中的又一个里程碑，是当时世界上已建好最长的跨海大桥。

在加大跨海大桥建设力度的同时，我国也加大了海底隧道建设的力度。2009年6月13日，中国铁建股份有限公司负责建设的我国大陆第一座大断面海底隧道——厦门翔安海底隧道右线贯通，这标志着我国海底隧道自行设计、施工能力跃入世界先进行列。

将成为世界最长跨海大桥的港珠澳大桥更是备受世人瞩目。港珠澳大桥于2009年12月20日动工建设，总投资超700亿元，将于2016年完工。港珠澳大桥跨海逾35千米，将超越杭州湾跨海大桥成为世界最长的跨海大桥。大桥将建长6千米多的海底隧道，施工难度世界第一。港珠澳大桥建成后，使用寿命长达120年，可以抗击8级地震。

港珠澳大桥东接香港特别行政区，西接广东省珠海市和澳门特别行政区，是国家高速公路网规划中珠江三角洲（简称珠三角）地区环线的组成部分和跨越伶仃洋海域的关键性工程，将形成连接珠江东西两岸的新的公路运输通道。

这座大桥有着世界上难度最大的海底隧道，隧道建成后，行车道宽3×3.75米，高超过5米，中间设有通风管，每隔90米就会有一个互通的逃生通道。在桥面的内地部分，车辆将靠右行驶，到香港口岸后再通过地标来转换驾驶道，靠左行驶。此外，在大桥上将设置人工救援设备，桥上若发生交通事故，救援力量5~7分钟即可抵达；在隧道内，救援速度被要求在3分钟内；在人工岛和口岸一带，也都有专业救援设备待命。防止撞击也被列入大桥重要考量因素之一，大桥被要求"大撞不倒，中撞可修"，而人工岛附近水域设置了人工浅滩，可防止30万吨的巨轮碰击。

港珠澳大桥四大亮点

据大桥工程可行性研究报告指出，港珠澳大桥将成为世界瞩目的宏伟工程。计划单列5000万元作为景观工程费，珠江口将增添一道令世人叹为观止的亮丽风景线！

一、"中转站"也是"艺术品"

大桥工程将分别在珠江口伶仃洋海域南北两侧，通过填海建造两个人工岛。人工岛间将通过海底隧道予以连接，隧道、桥梁间通过人工岛完美结合。同时，两者之间的转换，还采取点、线、面相结合方式，既是"中转站"，又是"艺术品"。

二、斜拉桥索塔造型像钻石

在港珠澳大桥主桥净跨幅度最大的青洲航道区段，大桥工程可行性研究报告推荐采用主跨"双塔双索面钢箱梁斜拉桥"，将成为大桥主桥型最突出外貌。该斜拉桥的整体造型及断面形式除了满足抗风、抗震等高要求外，还将充分考虑景观效果，预计采用钻石型索塔，总高170.69米。

三、人工岛设平台观赏海景

根据港珠澳大桥工程可行性报告要求，人工岛将成为集交通、管理、服务、救援和观光功能为一体的综合运营中心，除了岛上建筑物的造型美观外，还将重视岛区范围内的绿化工程，在海景较美的地方设置观景平台。此外，珠海作为中国有名的蚝贝类产销基地，人工岛设计有望采取蚝壳的特色造型。同时，大桥隧道出入口亦将进行景观美化。

四、设立白海豚观赏区

港珠澳大桥将穿越中华白海豚保护区，为提高游客对白海豚的保护意识，大桥离岸人工岛或沿线适当的地方，有望在面向白海豚繁殖区域设白海豚雕塑，或者将白海豚形象在大桥工程部分造型中体现，并设立白海豚观赏景区。

打造未来"3小时经济圈"

　　未来一旦港珠澳大桥建成，一桥横贯东西，连贯三地。推动港珠澳大桥的内在动力就是珠三角都市经济圈的增长需求，与长江三角洲（简称长三角）的"两小时经济圈"有异曲同工之妙，珠三角梦想着在大桥建成之后，成功打造一个"3小时经济圈"。

　　营造同振共荣珠三角快速经济圈是珠三角与港澳之间多年的梦想。在新的港珠澳大桥规划中，在路桥交通网络的规划建设牵引作用下，粤港澳周边100多个城镇将纳入同一个3小时车程辐射圈内，届时大桥将使广州、香港、珠海等地之间的车程都大大缩短。

　　从另一角度来讲，珠江入海口公路网链缺口是造成珠江西岸在引进外资方面明显落后的主要原因，可以相信如果以公路、铁路桥或隧道连接两岸，构造一个完整的道路网，将给大珠江三角洲带来的经济效益是十分明显的。

　　"3小时这个概念很重要，过去20年珠江三角洲东部发展远超过西部，主要原因就是东部与香港有陆路相连。"香港大学商学院教授米高·恩莱特曾做此判断。连通对经济发展至关重要，这从珠海和中山、深圳和东莞过去20年发展可见一斑。据统计，在1980年，位于珠三角西部的中山加上珠海，相对东部的深圳加东莞，在人口和国内生产总值两方面都相近；可是到2000年，深圳和东莞的人口和国内生产总值达到中山和珠海的3倍多。

　　米高·恩莱特分析："珠江三角洲两个原来在人口和经济发展相差不多的地区，出现如此巨大的分歧，主要差别就是东部地区（深圳和东莞）与香港的连通性较高，这一差异使香港公司和在香港的外国公司的投资、技术和管理倾向流入珠三角东部，为出口经济的发展提供动力，把西部远远抛在后面。"

世界上难度最大的海底隧道

　　海峡像一道天堑将大陆与大陆、大陆与海岛、海岛与海岛之间隔开，这给人们的生活、旅行带来许多不便。于是，人们设计建造接通海峡两岸的海底隧道。海底隧道不占地，不妨碍航行，不影响生态环境，是一种非常安全的全天候的海峡通道。目前，全世界已建成和计划建设的海底隧道有20多条，主要分布在日本、美国、西欧、中国的香港九龙等地区。

当今世界最有代表性的跨海隧道

从工程规模和现代化程度上看，当今世界最有代表性的跨海隧道工程，莫过于英法隧道和青函隧道。

英法隧道横贯多佛尔海峡，从英国的福克斯通到法国的桑加特，把英伦三岛与欧洲大陆连接起来。隧道由两股火车隧道和一股工作隧道构成，全长53千米，海底部分37千米。该隧道已于1995年建成通车。

青函隧道因连接日本本州青森地区和北海道函馆地区而得名。隧道横越轻津海峡，全长54千米，海底部分23千米。青函隧道1964年动工，1987年建成，前后用了23年时间。

我国香港特别行政区，有三条海底隧道，越过维多利亚海峡，把港岛与九龙半岛连接起来：港九中线海底隧道1972年建成，全长1.9千米，包括一条四车道、日流量12万次的汽车隧道和一条地铁隧道；港九东线隧道，1989年建成，全长1.8千米，日通过汽车9万车次；1997年4月建成的西线隧道，六车道，日车流量可达18万次。三条海底隧道使回归祖国后日益繁荣的香港特别行政区交通无阻。

现代海底隧道的开凿，使用巨型掘岩钻机，从两端同时掘进。掘岩机的铲头坚硬而锋利，无坚不摧。钻孔直径与隧道设计直径相当，每掘进数10厘米，立即加工隧道内壁，一气呵成。为保证两端掘进走向的正确，采用激光导向。在海底地质复杂，无法这样掘进的情况下，就采用预制钢筋水泥隧道，沉埋固定在海底的方法。

决定建造海底隧道

因为伶仃洋航道是深圳港、广州港的主航道，航道跨距达到4100米，是30万吨巨轮的必经之地，同时又临近香港机场飞机的起落航线，航空限高只有88米，假若修桥，光桥塔就需要200多米高，会严重影响航班飞行。

为了保持水域30万吨级的通航能力，港珠澳大桥飞越珠江口海面的同时，将有6.7千米里程是在海底通过，行驶在大桥上的车辆从东西两岸人工岛进入海底，穿过海底隧道，又从另一个人工岛钻出重新驶上大桥，海底隧道最深处离海平面40米左右。这样的设计既可实现珠江口东西两岸一桥飞架，又不影响30万吨以上巨型船舶在珠江口自由通航、靠岸。

可经研究，施工人员不得不正视的问题是伶仃洋洋底的淤泥。如果直接在淤泥上建造隧道，相当于在"嫩豆腐"上放置物体，不但站不稳，而且容易产生滑动。目前通常采取的办法是将海底的淤泥挖掉，再铺设隧道。但如果采取这种办法的话，需要从伶仃洋底部挖走的淤泥足以建造四座高146米的胡佛金字塔，这将对伶仃洋造成毁灭性的伤害。同时，大桥的建造对珠江河口防洪、纳潮、排涝及伶仃洋河势稳定的影响十分关键，因而倍受社会各方关注。

尽管施工地域的地基均是淤泥，水域通航环境复杂，还要穿越中华白海豚保护区，建隧道的造价是桥梁的三倍，但最终的方案是一定要修海底隧道。

最大难度沉管隧道

港珠澳大桥全长6.7千米的海底隧道，由于地质复杂，施工将采取沉管法。这是目前世界上最长的公路沉管隧道。

沉管隧道是港珠澳大桥的核心工程，也是难度最大的工程。沉管隧道建设的每一个环节都是创新，因此涉及沉管工艺的每一个问题都需要反复论证。

隧道是从珠江主航道下钻过的，通过主航道的30万吨油轮吃水深度达30米，因此，隧道必须建在海下45米深处。而水越深，隧道承受的压力就越大，平均每平方米承受的压力达45吨，设计难度很高。

大桥沉管隧道拟采用180米节段式隧道形式，由33个管节组成，隧道所处海域较深，其技术要求决定着施工难度世界少有。这些混凝土的沉管全部在工厂预制，然后像船坞那样把闸门打开，水进船坞，把沉管推到水里，浮运到施工点，下沉，再一段段地接上，这对精准性的要求很高。每一段沉管长度达180米、宽40米、高11.5米，就像一幢海底的小别墅，预制一个小构件很容易，但预制如此一个庞然大物，是具有世界级难度的。

预制大型沉管的难点，首先在于其超大的规模，一段沉管7万余吨，成本大约1个亿，一套模板1个亿，全部是标准化构件，有着严格的精度要求；其次为了控制海水中氯盐腐蚀或低温而造成的混凝土开裂，混凝土要实现突破，严格控制石子、黄沙、水泥的温度，并且在制造混凝土的过程中加入冰水、冰屑，降低入模温度，要把混凝土硬化控制在65度，让内部温度慢慢传递出来，防止裂缝，让混凝土的质量能够达到核电工程中核岛混凝土的要求；最后是要解决大量浇注的问题，一段沉管有钢筋800吨（重量超过一辆"空中客车"A380客机），需要浇注混凝土近1万吨，还要连续生产、运输、沉放安装，这就需要强大的工业化生产能力、运输能力和全自动安装能力。

在沉管沉放中，40多米深的水下基槽要打好基础。为此，需要建造专用的现代化设备，利用深水抓斗挖泥船、深水自动定位清淤船和深水整平船。所有这些，体现了工业化生产施工的理念。港珠澳大桥沉管隧道的建设，正在树立国际海底隧道建设的新标杆。

港珠澳大桥背后的诸多创举

港珠澳大桥横跨伶仃洋水域，是我国目前里程最长、投资最多、施工难度最大的跨海桥梁。港珠澳大桥工程包括三项：海中桥隧工程；香港、珠海和澳门三地口岸；香港、珠海、澳门三地连接线。而穿越主航道的海底隧道以及将其与桥梁衔接的人工岛（简称"岛隧工程"），则是整个工程中最复杂的部分。

在淤泥上安放沉管隧道

即将铺设隧道的海域，埋藏着一个巨大的技术难题。海底全是软土，先要对软土进行加固，使沉管安放在固定的基础上，并减少日后的沉降和不均匀沉降，这非常难。伶仃洋航道的海底表面淤泥含水量高达50%～60%，不做处理的话隧道根本没法安置在上面。为此，工程人员想出了特别的方法：

在淤泥层中，每隔一定间距就打一根挤密砂桩，对淤泥地基进行排水加固，把"嫩豆腐榨成豆腐干。"密实的砂桩打入海底40米下的硬土层，这样大规模地使用水下挤密砂桩技术，在国内是没有先例的，世界上也罕见。

在沉管安装前，还要做碎石基床基础。在40米深的海底，要铺设一条42米宽、30厘米厚的平坦"石褥子"，误差在4厘米以内，每个石子，大约2～6厘米直径。要铺好这张"褥子"非常难，甚至用到了GPS精确定位！解决这一难题，还多亏了上海一家企业自主研发的抛石整平船。该船是目前全球最大、最先进的抛石整平船，其外形与钻井平台类似，身形硕大，作业时不受风浪影响。

解决隧道的基础施工问题还不止面临这些挑战。港珠澳大桥近6千米长的海底沉管隧道共由33段沉管组成，每个180米长标准管节由8个节段组成，每个节段重达7.4万吨，堪比一艘航空母舰。预制场拥有两条生产线，每两个月可以生产两个沉管。隧道工程遇到的难题就是：这庞然大物如何运送？

传统的做法是做一个大的坞坑，沉管做好后放水让它浮起来，"漂"到目的地。可这个工程管节有33个，差不多6千米长，显然不可能按老套路办。于是，一个沉管完成预制后，两端用钢板密封，漂浮在水面上。之后，通过大型拖轮拖运至安装位置，待管节定位就绪后，向管节内灌水压载，使之下沉。然后，把沉放的管节在水下连接起来。经覆土（石）回填后，筑成隧道。沉放过程中，沉管将会由水下定位系统进行定位，保证两个沉管海底对接时的误差控制在2厘米以内。对接完成后，对接端的止水带将通过水力压接密封，使管节一个个紧密连接起来。仅仅这个过程就需要3年。

安放隧道，对基槽开挖精度要求相当高。通常的工程，挖深一点没关系，可这里却不行，顶多只允许有50厘米的误差。在大海深处实现这样的精度，非常难。此外，通常施工工具都会留"牙齿印"，也会挖出弧形，可这里却要求挖出光滑的平面。为此，参与施工的挖泥船配备了精挖系统，带有平挖的功能，用电脑监测挖出的"牙齿面"。每挖一斗，都要在电脑上做好标识，这样才能避免水下挖泥位置的漂移。

衔接桥梁和隧道的人工岛

由桥梁到隧道，港珠澳大桥的一个重要组成部分便是衔接二者的人工岛。

人工岛是人工建造而非自然形成的岛屿，一般在小岛和暗礁基础上建造，是填海造陆的一种。早期的人工岛是浮动结构，建于止水，或以木制、巨石等在浅水建造。现在的人工岛大多填海而成，不过，一些是通过运河的建造分割出来的，或者，因为流域泛滥，小丘顶部被水分隔，形成人工岛（如巴洛科罗拉多岛），另外一些是以石油平台的方式建造（如西兰公国和玫瑰岛共和国）。中国第一个人工岛是河北省沧州市黄县岸外渤海上的人工岛，该人工岛是大港油田为勘探开采海洋石油而建造的。

人工岛的建造施工方法一般分先抛填、后护岸和先围海、后填筑两种。先抛填、后护岸适用于掩蔽较好的海域，用驳船运送土石料在海上直接抛填，最后修建护岸设施。先围海、后填筑适用于风浪较大的海域。先将人工岛所需水域用堤坝圈围起来，留必要的缺口，以便驳船运送土石料进行抛填或用挖泥船进行水力吹填。

护岸的结构形式常采用斜坡式和直墙式。斜坡式护岸采用人工砂坡，并用块石、混凝土块或人工异形块体护坡；直墙式护岸采用钢板桩或钢筋混凝土板桩墙，钢板桩格形结构或沉箱、沉井等。人工岛与陆上的交通方式，一般采用海底隧道或海上栈桥连接，通过公路或铁路进行运输，也可以用皮带运输机、管道或缆车等设备运输。

现代工业发达的沿海国家，滨海一带人口密集、城市拥挤，使得进一步发展和建设新企业及公用设施受到很大限制，原有城市本身的居住、交通、噪声、水与空气污染等问题也很难解决。因此，兴建人工岛，可以帮助改善上述难题。人工岛是利用海洋空间的方式之一，也是一种新兴的海洋工程。

港珠澳大桥东西二岛的施工有别于传统观念，采用了一种特别的方法：用钢筒围出一个岛来。相关工程师解释，这种方法更环保，挖泥少、成岛速度快，也不需要太多工程设备。

把直径22米、高50多米，重达500吨的钢筒，用激震力达4000吨的8个液压锤"敲"进30多米深的海底。这完全是我国自创的方法，是世界上首次采用的人工岛施工方法。两个人工岛由120支钢筒围成，其中西岛用了61支钢筒，东岛59支。每支钢圆筒都在上海制造，需要长途跋涉才能到达目的地。

钢筒敲进去了，另一个难题却冒出来：钢筒是圆柱形，两个钢筒之间必然有间隙。为此，工程人员设计出一个特别的结构，在钢筒制作时就做好宽榫槽，每两个钢筒中间，插一个钢片，连在一起就成了"金钟罩"。

围成蚝贝状的钢筒，加了钢片的链接，又各填200万立方米的沙子，抽出水分，就实现了快速筑岛。原本计划成岛需要两年多时间，如今1年内就可以铸成，并且效果很好。人工岛将采用斜坡式护岸结构。钢筒外围会抛石加固，形成一个斜坡，往后即便钢筒锈蚀，也不会影响人工岛的使用。

目前，东西两岛已经铸造完毕，衔接隧道的一头已做好。将来，上桥过海的车辆由此离开桥面进入海底隧道，再从另一个人工岛钻出来重新驶上大桥。

致 谢

在本系列书编写过程中，为使内容权威、数据精准，我们参考和引用了大量文献资料，现特将参考文献列下：

1.金勇进主编：《数字中国60年》，人民出版社2009年版。

2.《新中国60年重大科技成就巡礼》编写组：《新中国60年重大科技成就巡礼》，人民出版社2009年版。

3.陈煜编：《中国生活记忆——建国60年民生往事》，中国轻工业出版社2009年版。

4.崔常发、谢适汀编：《纪念新中国成立60年学习纲要》，国家行政学院出版社2009年版。

5.王月清著：《伟大的复兴之路——新中国60周年知识问答》，南京大学出版社2009年版。

6.《青少年爱国主义教育读本》编委会：《新中国60年简明大事典——科技与教育》，中国时代经济出版社2009年版。

7.张希贤、凌海金编著：《中国走过60年》，中共中央党校出版社2009年版。

8.周叔莲：《中国工业改革30年的回顾与思考》，《中国流通经济》2008年第10期。

9.张文尝、王姣娥：《改革开放以来中国交通运输布局的重大变化》，《经济地理》2008年第9期。

10.国家统计局：《改革开放30年报告之十三：邮电通信业在不断拓展中快速发展》。

除此之外，本系列书还参考和引用了《中国科学技术发展报告》《中国农业统计资料汇编》《中国统计年鉴》，以及新华网、中国科技网和《光明日报》《科技日报》《北京日报》《人民邮电报》等网站和媒体的相关数据、资料和报道，在此特向以上媒体和网站表示感谢。